Gesetzmäßigkeiten beim Einbau von Schrauben insbesondere von Kopfschrauben

Von

Dr.-Ing. Nikolaus Theophanopoulos
Athen

Mit 42 Abbildungen und 17 Tabellen
im Text

Springer-Verlag Berlin Heidelberg GmbH
1941

ISBN 978-3-662-42712-5   ISBN 978-3-662-42989-1 (eBook)
DOI 10.1007/978-3-662-42989-1

Alle Rechte, insbesondere das der Übersetzung
in fremde Sprachen, vorbehalten.

D 83

Vorwort.

Es sei mir gestattet, meinem hochverehrten Lehrer, Herrn Prof. Dr.-Ing. KIENZLE für seine zahlreichen Anregungen sowie für die mir bei Durchführung vorliegender Arbeit gewährte Unterstützung meinen verbindlichsten Dank auszusprechen.

Desgleichen bin ich Herrn Prof. Dr.-Ing. CORNELIUS für das meiner Arbeit entgegengebrachte Interesse sowie für seine wertvollen Hinweise zu großem Dank verpflichtet.

Ferner danke ich Herrn Oberingenieur F. SCHWERDTFEGER, Leiter des Versuchsfeldes für Betriebswissenschaft und Werkzeugmaschinen der T. H. Berlin auch an dieser Stelle ganz besonders für seine wertvollen Beratungen und Anregungen zu vorliegender Arbeit und sein großes Interesse, mit dem er die Durchführung der Versuche gefördert und erleichtert hat.

Die Firma Bauer & Schaurte, Neuß a. Rh., stellte mir das erforderliche Material zur Verfügung, wofür ihr auch an dieser Stelle bestens gedankt sei.

Berlin, im Juli 1940.

NIKOLAUS THEOPHANOPOULOS.

Inhaltsverzeichnis.

Einleitung.

Die Schraubenverbindung ist eines der wichtigsten und am meisten
angewendeten Maschinenelemente. Wenn man bedenkt, daß bei einem
Kraftfahrzeug etwa 2,5% des Gewichts aus Schraubenverbindungen
bestehen, so zeigt schon dies eine Beispiel deutlich, welche Bedeutung
der Schraube in der Technik zukommt. Trotz alledem aber ist die
zweckmäßige Gestaltung der Schraube, ihre richtige Verwendung, ihr
Verhalten im Betrieb und alle damit zusammenhängenden Fragen vielen
Technikern unbekannt.

Die Verhältnisse bei Schraubenverbindungen liegen gar nicht so
klar, wie es bei anderen Maschinenelementen der Fall ist. Dies liegt
zum Teil an dem inneren Aufbau der Schraubenverbindung, weil man
die tatsächliche Kraft und Spannungsverteilung rechnungsmäßig nicht
erfassen kann. Zum anderen Teil ist es unmöglich, sämtliche für die Herstellung der Schraube oder ihre Verbindung bestimmenden Faktoren: be-
teiligte Werkstoffe, Werkstoffbehandlung, Maße, Oberflächenbeschaffenheit, Schmierung usw., ständig in genügendem Maße genau einzuhalten.

Die Betriebsschäden, die mit der häufig unvollkommenen Anwendung
dieses Maschinenelementes zusammenhängen, sind in den letzten Jahren
Anlaß zu zahlreichen Untersuchungen von Schraubenverbindungen
gewesen. Diese haben wertvolle Ergebnisse erbracht und manchen
neuen Weg zur Beherrschung der Schraube gezeigt.

So hat u. a. die Gestaltung von Schraubenverbindungen besondere
Beachtung gewonnen. Die Schraube mit verringertem Schaftdurchmesser und nachgerolltem Gewinde erhöht die Haltbarkeit bei dynamischer Beanspruchung bedeutend.

Hochbeanspruchte Schrauben sind besser aus Werkstoffen mit hohen
mechanischen Eigenschaften zu konstruieren, wodurch man die Gewichte
verringern kann. Für besondere Fälle, z. B. thermische bzw. korrosive
Beanspruchung, gibt es Schraubenwerkstoffe mit besonderen Anforderungen (korrosionsbeständige, warmfeste Stähle).

Die steigenden Anforderungen der Verbraucher an Oberfläche und
Maßgenauigkeit haben eine Vervollkommnung der Fertigungsverfahren
von Schrauben und Muttern gefordert.

Für das Einstellen der Vorspannung, die für die Wirksamkeit der
Schraube von grundlegender Bedeutung ist, sind besondere Schlüssel

entwickelt, die das Messen des auszuübenden Anzugsmomentes beim Zusammenbau erlauben.

Die Normung der Schrauben und Muttern ist mit den steigenden Anforderungen der Verbraucher und den neuen Erkenntnissen der Forschung vorangeschritten.

Alle diese Entwicklungen und Forschungen lassen aber noch den wünschenswerten Zusammenhang auf der Linie Fertigung—Gestaltung—Einbau vermissen; auch sind manche Punkte zu wenig oder noch nicht untersucht.

Daraus ergab sich das Ziel der vorliegenden Arbeit; es besteht darin, dem Konstrukteur und dem Betriebsmann im Zusammenhang aller Punkte die Gesetzmäßigkeiten für die richtige Verwendung von Schrauben aufzuzeigen. Für die Aufstellung dieser Gesetzmäßigkeiten sind die bisherigen Erkenntnisse über Schrauben benutzt worden; vielfach konnten noch Lücken aufgedeckt werden, die zum Teil durch eigene Versuche geschlossen wurden.

Die Arbeit umfaßt folgende Gebiete:

Teil A schildert die Grundlagen der Normung, Theorie und Fertigung von Schrauben und Muttern,

Teil B untersucht die betriebssichere Gestaltung und Berechnung der Schraubenverbindung,

Teil C befaßt sich mit der organisatorischen Frage, Kennzeichnung von Schrauben und Muttern,

Teil D enthält die Gesetzmäßigkeiten, die beim Zusammenbau der Schraubenverbindungen beachtet werden müssen.

A. Grundlagen.

I. Normung.

Die Normung bietet für den Austauschbau, die Konstruktion und Herstellung von Maschinen und Apparaten nicht mehr wegzudenkende Vorteile. Viele Industriewerke in Deutschland verwenden neben den DIN-Normen ihre eigenen Werksnormen. Fast überall waren die ersten Normen den Gewinden, Schrauben und Muttern gewidmet; daher sind diese heute im allgemeinen sehr weit fortgeschritten, wenn auch die Normung dem technischen Fortschritt nicht immer sofort folgen kann.

Die Normung sollte folgende Einzelheiten von Bolzen, Muttern und Gewinden festlegen:

A. Gewindeabmessungen, d. h. Flankenwinkel, Steigung, Flankendurchmesser, Außen- und Kerndurchmesser, Rundungen der Gewindeform und die Zuordnung der Steigung zum jeweiligen Nenndurchmesser bzw. Flankendurchmesser.

A. 1. Die Gewindetoleranzen.

B. Die Schraubenabmessungen.

B. 1. Kopf- und Mutterform.

B. 2. Das äußere Aussehen (rohe, halbblanke, blanke, preßblanke Schrauben), das vom Herstellungsverfahren abhängt.

B. 3. Den Werkstoff bzw. mechanische Eigenschaften der fertigen Schrauben und Muttern.

A. Für die Normung des Gewindes hat man heute für Befestigungszwecke in Deutschland und im Ausland zwischen drei Gewindesystemen zu unterscheiden, die nebeneinander Weltgeltung besitzen, nämlich

a) das metrische Gewinde ($60°$) mit den zugehörigen Feingewinden,

b) das Whitworth-Gewinde mit Whitworth-Profil ($55°$) und seine Abarten, wie Feingewinde, Rohrgewinde, Kegelgewinde,

c) das amerikanische Gewinde ($60°$, Sellers-Gewinde) und seine Abarten, wie Feingewinde, Rohrgewinde, Briggs-Gewinde, Gewinde für Ölrohrleitungen und Bohrrohre, Feinmechaniker- und Uhrmachergewinde.

In den letzten Jahren erstrebt man eine Vereinheitlichung der verschiedenen Gewindesysteme, und in Deutschland sowie einer Reihe metrischer Länder geht man mehr und mehr zum metrischen Gewindesystem über. Das zuständige ISA-Komitee arbeitet auch an einer internationalen Abgleichung der Gewindetoleranzen; außerdem laufen internationale Normungsarbeiten, wie für Schlüsselweiten, Köpfe von Schlitzschrauben, Unterlegscheiben usw.

B. Die Normung der Bolzen und Muttern in Deutschland wie auch in den meisten Ländern wird unterteilt:

1. In allgemeine Normung.

Darunter versteht man die Aufstellung von Normen für Schlüsselweiten, Schraubenenden, Gewindeausläufe, Durchgangslöcher, Rundungen usw.

2. Die Normung der rohen Schrauben (Sechskant-, Senk- und Flachrundschrauben usw.) und Muttern.

3. Die Normung der halbblanken Schrauben (die meisten Schlitzschrauben).

4. Die Normung der blanken Schrauben (Sechskantschrauben, Stiftschrauben und sämtliche Arten von Schlitzschrauben) und Muttern.

Daneben hat man in Deutschland für bestimmte Gebiete Fachnormen aufgestellt (Lokomotivbau, Luftfahrzeugbau, Kraftfahrzeugbau usw.), die auf den betreffenden DIN-Normen beruhen, jedoch etwas gekürzt oder erweitert worden sind.

Hinsichtlich der Werkstoffe enthielten die meisten Normblätter den Hinweis, daß der Werkstoff bei Bestellung besonders anzugeben ist.

Aus diesem Zustand heraus hat die deutsche Normung im Jahre 1940 durch ihr Normblatt DIN 267 (technische Lieferbedingungen für Schrauben und Muttern) einen höchst bedeutsamen Fortschritt gemacht, indem sie den neuen Begriff der *Ausführung* von Schrauben und Muttern eingeführt hat. Die durch DIN 267 festgelegte Ausführung hat den Zweck, die Schrauben und Muttern für den allgemeinen regelmäßigen Bedarf in Ergänzung der Maßnormblätter eindeutig und erschöpfend zu bestimmen. Für die Ausführung einer Schraube bzw. Mutter sind bestimmend: Oberflächenbeschaffenheit, Maßgenauigkeit und mechanische Eigenschaften. Die Werkstoffangaben verschwinden! An ihrer Stelle steht die Angabe von mechanischen Eigenschaften für die fertigen Schrauben und Muttern der Werkstoffklassen 4 A, 5 D, 8 G, 10 K und 12 K.

Die Bestellzeichen, z. B. 8 G, bedeuten eine Schraube von 80 kg/mm^2 Zugfestigkeit, 80% Streckgrenzenverhältnis und 12% Mindestdehnung.

Dem Schraubenerzeuger überläßt man die Auswahl des geeigneten Werkstoffes und wirtschaftlichen Herstellungsverfahrens, so daß größte Freiheit in der Wahl und Weiterentwicklung der Werkstoffe gegeben ist. Als Oberflächenbeschaffenheits- und Maßgenauigkeitsklassen gelten je die zwei Klassen „Grob" und „Mittel".

Es wäre wünschenswert, die Zuordnung der einzelnen Klassen für Oberflächenbeschaffenheit, Maßgenauigkeit und mechanische Eigenschaften zu jeder Schraubenart festzulegen; doch muß dahingestellt bleiben, ob dies allgemein möglich ist oder ob es zunächst nur für einzelne Arten, z. B. für Pflugschrauben, geschehen kann. Vollzogen ist dies bereits bei Schrauben und Muttern der LgN (Luftfahrtgerätnormen), Zylinderschrauben mit Innensechskant nach DIN 912, einigen Schrauben und Muttern des Eisenbahnwagenbaues, wie z. B. WAN 186, WAN 185, WAN 182 usw. Somit kann der Schraubenverbraucher für jede im Normensammelwerk befindliche Schraubenform die Ausführung entsprechend dem Verwendungszweck genauestens festlegen.

Schrifttum: A 26, A 5, A 3, A 9.

II. Beanspruchungsarten.

Bei einer Schraubenverbindung liegen die Verhältnisse hinsichtlich der Beanspruchung nur selten klar, so daß man die wirkenden Kräfte in ihrer Art und Größe kaum voll erkennen und trennen kann.

Die Schraubenverbindungen sind sehr oft dauernd wechselnden Kräften unterworfen. Diese schwanken in ihrer Art und Größe sehr stark. Sie können schlagartig oder schwingend wirken. Außerdem können sie in stets gleicher oder noch häufiger in verschiedener Größe wechseln und durch wechselnde Zusatzbeanspruchungen überlagert sein. Auf die Schrauben wirken auch oft zusätzliche Beanspruchungen, die sehr vom Bau und Bearbeitungsungenauigkeiten abhängen, z. B. Verdrehbeanspruchung, Biegebeanspruchung durch schiefe Kopfauflage (B 59).

Je nach der Art der Wirkung der Betriebskräfte an Befestigungsschrauben kann man sie in folgende Gruppen unterteilen:

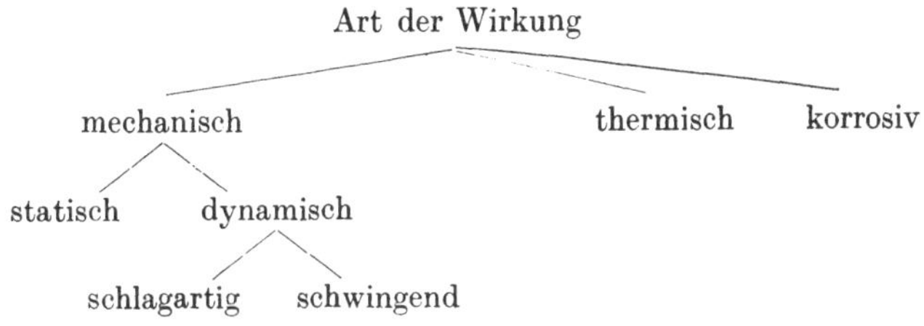

Thermischer Beanspruchung sind Schrauben unterworfen, die hohen Temperaturen ausgesetzt sind, z. B. Schrauben von Flanschen an Dampfleitungen oder Dampfturbinen usw. Hohe Temperaturen beeinflussen

1. die Haltbarkeit der Schraubenverbindung (zügige und wechselnde),

2. rufen Wärmedehnungen und dadurch zusätzliche Spannungen hervor.

Korrosiver Beanspruchung sind Schrauben unterworfen, die sich in einem korrodierenden Mittel befinden, z. B. Seeluft, Seewasser, verschiedenen Dämpfen usw.

Die Korrosion beeinflußt die zügige und wechselnde Haltbarkeit der Schraubenverbindung (B 42).

Je nach der Art der Richtung der Kräfte kann man die Beanspruchungen unterteilen:

Richtung der Beanspruchung	Anwendungsbeispiele
Zug	Zuganker von Dieselmotoren, deren Vorspannung durch Erwärmung erreicht wird
Zug—Biegung	Selten
Zug—Verdrehung	Alle durch Schlüssel verspannten Schrauben
Zug—Verdrehung—Biegung	Schlüsselverspannte Schrauben mit zusätzlicher Biegebeanspruchung (z. B. durch Unterlage verursacht)
Zug—Verdrehung—Abscherung bzw. Abscherung	Paßschrauben, bei denen Kräfte quer zur Achse wirken, z. B. Eisenkonstruktionen, Kupplungen usw. Wo die Zugkraft klein ist, werden die Schrauben nur auf Abscherung berechnet.

Die hauptsächlichste Beanspruchung der Schraubenverbindung ist der Zug. Im Betrieb brechen die Schrauben in 90% der Fälle infolge von Zugkräften.

Schrifttum: B 6, B 59, B 38.

III. Elastische Verhältnisse zwischen der Schraubenverbindung und den verspannten Teilen.

Lastverteilung — Spannungsverteilung.

Zieht man eine Schraube mit dem Schlüssel an, so wird eine Vorspannkraft V[1] erzeugt und dadurch entsteht eine Längung λ_v der Schraube und eine Stauchung δ_v der verspannten Teile. Vorspannung V und Dehnungen sind untereinander durch die Gleichungen $C_s = \dfrac{V}{\lambda_v}$, $C_p = \dfrac{V}{\delta_v}$ verbunden. Die Einheitskräfte C_s der Schraube bzw. C_p der verspannten Teile kann man theoretisch oder durch Versuch bestimmen.

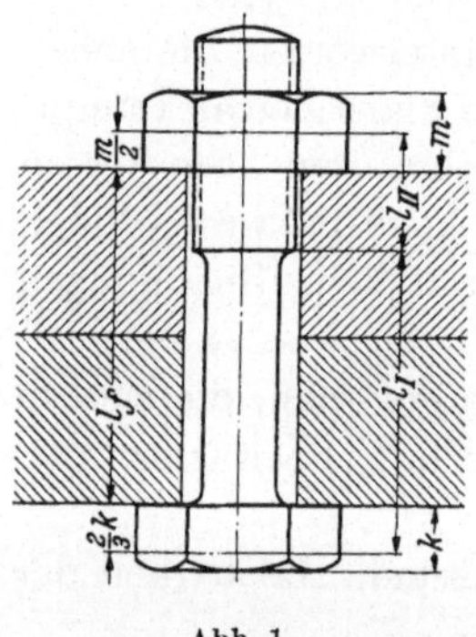

Abb. 1.

Bei der rechnerischen Ermittlung der Einheitskraft der Schraube zerlegt man sie in einzelne Teile, die über ihre Länge gleichen Querschnitt haben. Die Einheitskraft eines derartigen Teiles beträgt $C_x = \dfrac{E \cdot F_x}{l_x}$. Hierin bedeutet F_x den Querschnitt und l_x die Länge des untersuchten Abschnittes. Die Einheitskraft C_s der ganzen Schraube ergibt sich dann aus

$$\frac{1}{C_s} = \frac{1}{C_x} + \frac{1}{C_y} + \frac{1}{C_z} + \cdots$$

Für Schrauben, die einen konstanten Schaftquerschnitt über ihre Länge besitzen (Abb. 1), kann man nach DEUTLER (D 4) die Einheitskraft aus der Formel $\dfrac{1}{C_s} = \dfrac{1}{E}\left[\dfrac{l_I}{f_s} + \dfrac{l_{II}}{f_k}\right]$ berechnen. Hierin bedeutet f_s den Schaftquerschnitt, f_k den Kernquerschnitt, l_I und l_{II} die in Abb. 1 dargestellten Teillängen. Führt man die Größe $\lambda = \dfrac{l_f}{l_I \dfrac{f_k}{f_s} + l_{II}}$ ein

(l_f = Abstand zwischen Kopf- und Mutterauflageflächen), dann entsteht für die Einheitskraft die Formel $C_s = \dfrac{E \cdot f_k}{l_f} \cdot \lambda$.

Die Einheitskraft nach der obigen Formel ist in Abb. 2 graphisch in Abhängigkeit von f_k/l_f und d_s/d_1 eingetragen. (Über den Beiwert λ s. auch Tabelle 6.)

---

[1] Verzeichnis aller in dieser Arbeit benutzten Formelze cl e⟩ . S. 84.

Die Einheitskraft der verspannten Teile ist nicht so einfach zu bestimmen wie die der Schraube. In den meisten Fällen kann man sie theoretisch nur annähernd errechnen.

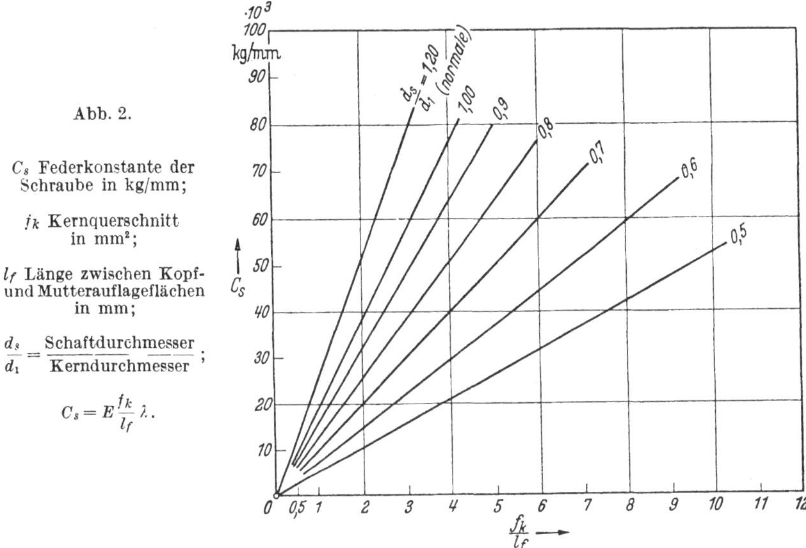

Abb. 2.

C_s Federkonstante der Schraube in kg/mm;

f_k Kernquerschnitt in mm²;

l_f Länge zwischen Kopf- und Mutterauflageflächen in mm;

$$\frac{d_s}{d_1} = \frac{\text{Schaftdurchmesser}}{\text{Kerndurchmesser}};$$

$$C_s = E\frac{f_k}{l_f}\lambda.$$

Für die in Abb. 3 gezeichneten Platten kann man nach Rötscher (B 1) annehmen, daß in der elastischen Zusammendrückung sich nur die zwei schraffierten Einflußkegel mit unter 45° verlaufenden Mantellinien beteiligen. Ersetzt man diese durch eine zylindrische Hülse von flächengleichem Axialschnitt, dann ergibt sich für die Einheitskraft die Formel

$$C_p = \frac{V}{\delta_v} = \frac{F_p E_p}{l_f}$$

$$= \frac{[(s+l)^2 - D^2]}{4\,l_f}E_p.$$

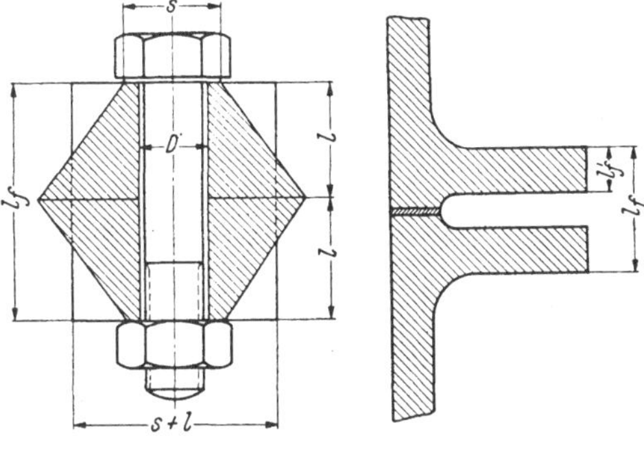

Abb. 3.   Abb. 4.

Für den in Abb. 4 gezeichneten Flansch ergibt sich die Einheitskraft aus der Formel $C_p = \dfrac{V}{f} = \dfrac{2E_p l_f'^3}{c}$. Hierin bedeutet $f = \dfrac{V \cdot c}{2E_p \cdot l_f'^3}$ die Durchbiegung des Flansches ($c =$ Beiwert, abhängig von der Konstruktion des Flansches).

Eine durch den Betrieb bestimmte Zugkraft P stellt einen neuen Gleichgewichtszustand dar. Hierdurch dehnt sich die Schraube zusätzlich um $\varDelta l$, und die Schraubenkraft steigt von V auf P_0.

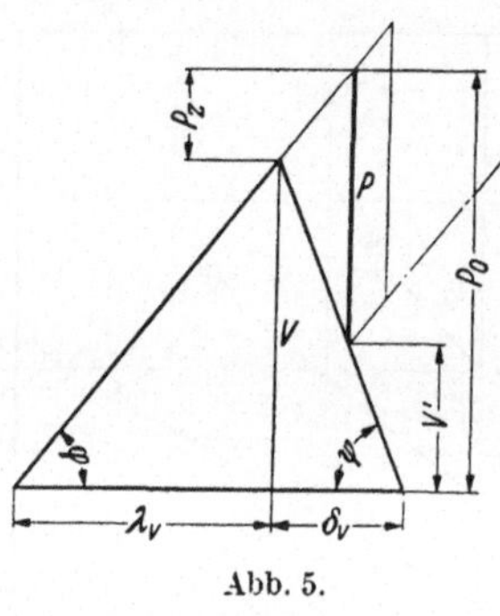

Abb. 5.

Die verspannten Teile dehnen sich um denselben Betrag aus, wodurch die Verspannung auf den Wert V' zurückgeht. In der Abb. 5 ist eine Übersicht der wirkenden Kräfte zusammengestellt. Den Unterschied zwischen P_0 und V' bildet die Betriebskraft P. Das entsprechende Schaubild wird als Verspannungsschaubild bezeichnet.

Die durch den Tangens der Winkel φ und ψ festgelegten Neigungen der Kraftverformungsgeraden sind $\operatorname{tg} \varphi = C_s$ (Schraube), $\operatorname{tg} \psi = C_p$ (verspannte Teile). Wenn man das Verhältnis C_s/C_p mit k bezeichnet und voraussetzt, daß die Einheitskräfte C_s und C_p beim Vorspannen und Betriebsbelastung konstant bleiben, so ergibt sich aus dem Verspannungsschaubild:

$$P_z = P\,\frac{C_s}{C_s + C_p}\,, \qquad \text{d. h.} \quad P_z = P\,\frac{k}{1+k}\,,$$

$$V' = V - P\,\frac{C_p}{C_s + C_p}\,, \qquad \text{d. h.} \quad V' = V - P\,\frac{1}{1+k}\,.$$

Der Mindestwert der Vorspannung für ein bestimmtes P, unter dem eine Entspannung der verspannten Teile eintritt (d. h. $V' = 0$ wird), ist $V_u = P\,\dfrac{1}{1+k}$. Der größte Wert der Betriebskraft, über dem eine Entspannung eintritt (d. h. $V' = 0$ wird), ist $P_e = V(1 + k)$.

Die Schraubenverbindung muß, besonders bei Wechselbeanspruchungen (B 31), möglichst hoch vorgespannt sein; aber nicht so hoch, daß die höchste in der Schraube auftretende Zugkraft bleibende Verformungen hervorruft. Ebenfalls darf die Vorspannung nicht so niedrig herunterfallen, daß die bleibende Vorspannung der verspannten Teile unter einen angenommenen zulässigen Wert abfällt. Die Grenzwerte der Vorspannung (Toleranz) sind von der Größe und Art der Belastung abhängig (zügige Belastung, Belastung bei hohen Temperaturen, Dauerwechselbelastung). Diese Frage ist im Kapitel B (Berechnung s. S. 16) ausführlicher behandelt.

Für die Dauerhaltbarkeit von Schraubenverbindungen, die wechselnden axialen Betriebskräften unterworfen sind, wird von THUM empfohlen (B 30, B 31), die Zahl k möglichst klein zu halten.

In den Abb. 6, 7, 8 sieht man, wie durch eine Veränderung der Zahl k sich die Kraftverhältnisse in der Schraubenverbindung verschieben. In Abb. 7 ist die Einheitskraft der Schraube vermindert. In Abb. 8 ist die Einheitskraft der verspannten Teile vergrößert, in

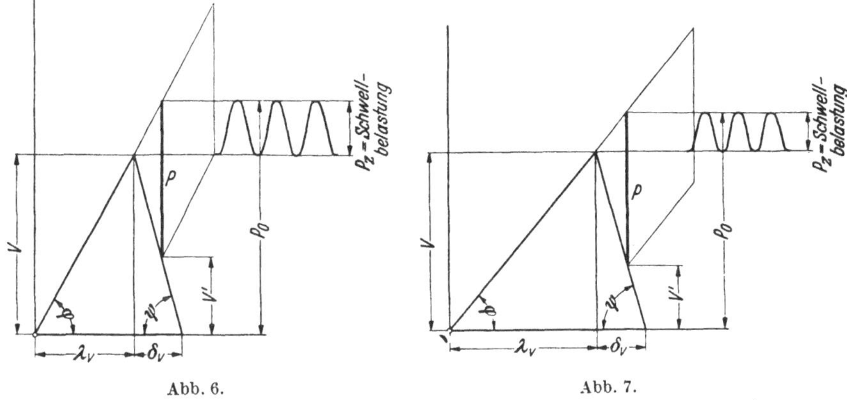

Abb. 6.   Abb. 7.

beiden Fällen wird also die Zahl k kleiner als in Abb. 6. Trotz gleicher Betriebskraft P tritt in Abb. 7 und 8 eine wesentlich geringere Großkraft P_0 und damit auch eine geringere zusätzliche Kraft P_z auf. Diese Tatsache gewinnt bei wechselnd beanspruchten Verbindungen besondere

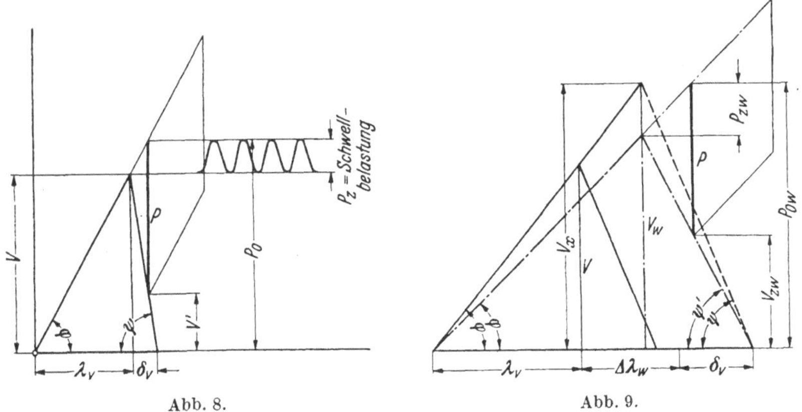

Abb. 8.   Abb. 9.

Bedeutung, da bei diesen die Kraft P_z die Schwellbeanspruchung der Schraube darstellt.

Das in Abb. 5 dargestellte Verspannungsschaubild ist unter Voraussetzung einer Raumtemperatur entstanden. Im Fall von Temperaturunterschieden zwischen der Schraube und den verspannten Teilen (z. B.

Flanschverbindungen von Hochdruckdampfbehältern) ändert sich der Gleichgewichtszustand der Kräfte folgendermaßen:

Die Summe $\lambda_v + \delta_v$ der Verformungen der Schraube und der verspannten Teile (Abb. 5) wird von dem Wärmeausdehnungsunterschied zwischen Schraube und den verspannten Teilen beeinflußt.

Man kann zwei Fälle unterscheiden:

1. Die verspannten Teile dehnen sich mehr als die Schraube (Wärmedehnungskoeffizient, Temperaturunterschiede).

2. Die Schraube dehnt sich mehr als die verspannten Teile.

In beiden Fällen sei der Dehnungsunterschied $\Delta\lambda_w$. Im Fall 1 (Abb. 9) nimmt die Basis des Verspannungsdreieckes um $\Delta\lambda_w$ zu. Im

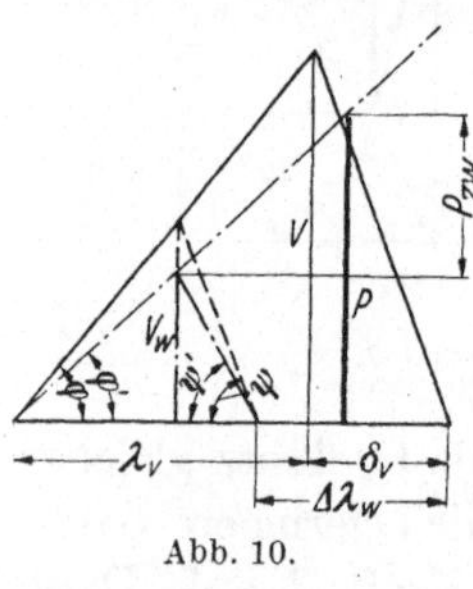

Abb. 10.

Fall 2 (Abb. 10) nimmt die Basis des Verspannungsdreieckes um $\Delta\lambda_w$ ab. Abb. 9 stellt den neuen Gleichgewichtszustand für den Fall 1 dar. V_x ist die neue Vorspannung, wenn man nicht die Temperaturabhängigkeit des Elastizitätsmoduls berücksichtigt. Der Elastizitätsmodul nimmt aber mit der Temperatur ab. Die Einheitskräfte werden kleiner. Die Kraftverformungsgeraden bilden jetzt die Winkel φ' und ψ'. Die neue Vorspannung wird V_w. Die zusätzliche Belastung der Schraube infolge der Betriebslast P wird P_{zw}.

Abb. 10 zeigt den neuen Gleichgewichtszustand für den Fall 2. Die Vorspannung V_w ist kleiner. Die Betriebsbelastung P ruft eine Entspannung der verspannten Teile hervor. Die Zahl k übt auch einen großen Einfluß auf die zusätzlichen Beanspruchungen der Schraubenverbindung aus. Zum Beispiel

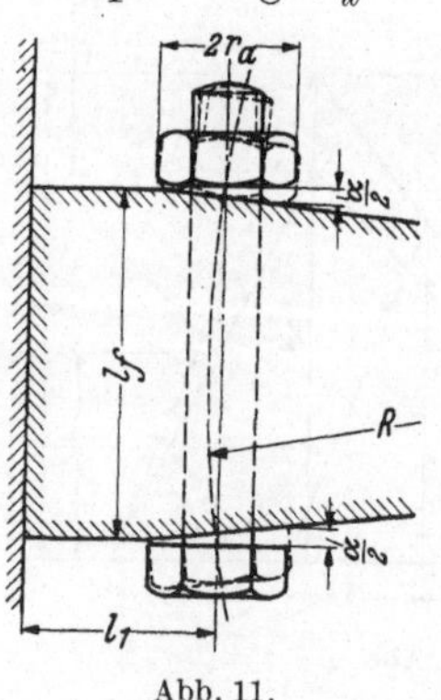

Abb. 11.

1. Biegebeanspruchung der Schraube wegen Verformung der verspannten Teile. Wegen der Durchbiegung des Flansches (s. Abb. 11) stehen die Unterlageflächen des Kopfes und der Mutter gegeneinander schief. Aus den geometrischen Beziehungen ergibt sich $\dfrac{\alpha}{2\,r_a} = \dfrac{l_f}{R}$; hierin bedeutet R den Krümmungsradius der elastischen Linie des Schraubenschaftes. Durch Ersetzen von

$R = \dfrac{EJ}{M}$ ergibt sich $M = \dfrac{EJ\alpha}{2\,r_a\,l_f}$ und $\sigma_{B_1} = \dfrac{M}{W} = \dfrac{E \cdot J \cdot d}{l_f\,2\,r_a\,W}$. Die Einheitskraft $C_s = \dfrac{E \cdot f_k}{l_f}\,\lambda$ und $\dfrac{J}{W} = \dfrac{d_s}{2}$ ($\lambda =$ Beiwert abhängig von $\dfrac{d_s}{d}$, s. S. 30 [Berechnung Tabelle 6] und Verzeichnis der Formelzeichen).

Die Durchbiegung des Flansches hängt von der axialen Kraft P und der Einheitskraft C_p ab. Aus den geometrischen Beziehungen ist leicht zu erkennen, daß $\frac{\alpha}{2r_a} = \frac{P}{C_p} \cdot \frac{1}{l_1}$. Die Biegespannung wird dann

$$\sigma_{B_1} = C_s \frac{1}{f_k} \frac{1}{\lambda} \cdot \frac{d_s}{2} \cdot \frac{P}{C_p} \cdot \frac{1}{l_1} = \frac{C_s}{C_p} \cdot \frac{P}{f_k} \cdot \frac{d_s \lambda}{2 l_1}.$$

Durch Ersetzen von $\frac{C_s}{C_p} = k$, $\frac{P}{f_k} = \sigma_A$ (Anzugsspannung), $\frac{d_s}{\lambda \cdot 2l_1} = Q$ entsteht die Formel $\sigma_{B_1} = Q k \sigma_A$. Aus der Formel geht hervor, daß mit Kleinerwerden von k die Biegespannung σ_{B_1} abnimmt.

2. Biegebeanspruchung der Schraube wegen schiefer Kopf- und Mutterauflage. Aus Abb. 11 ist leicht zu erkennen, daß die Beanspruchung durch die Formel $\sigma_{B_2} = Q' \frac{d_s}{l_f} E_s \operatorname{tg} \varphi$ ausgedrückt wird. Bei Verminderung des Schaftdurchmessers d_s und dadurch der Zahl k wird die Biegebeanspruchung herabgesetzt.

3. Zusätzliche Beanspruchung durch Wärmeausdehnung. Im allgemeinen gilt die Formel $\sigma_W = A \frac{\lambda}{1 + k} - \sigma_A B$, wo A und B Konstante sind (abhängig von Temperaturunterschieden, Wärmeausdehnungskoeffizienten, Schraubenlänge usw.). Große Werte von k und kleine von λ setzen die Beanspruchung herab [d. h. biegungsweiche Flanschen und verjüngter Schaftdurchmesser (λ) (B 38)].

Lastverteilung — Spannungsverteilung.

Die wahre Lastverteilung in den Gewindegängen und noch mehr die Spannungsverteilung ist unbekannt. Dies ist die Ursache der Unklarheit, die bei der Berechnung und Gestaltung der Schraubenverbindung herrscht, besonders bei dynamischer und thermischer Beanspruchung. Bei der Zugbelastung z. B. tritt keineswegs eine auf alle Gänge gleichmäßig verteilte Belastung auf. Dies rührt daher, daß Bolzen und Mutterteile um verschiedene Beträge verformt werden, die Gewindegänge müssen von Gang zu Gang den Unterschied zwischen Bolzen und Mutterverformung ausgleichen. Nach MATUSCHKA (A 14) ist z. B. die Verteilung der Belastung auf die einzelnen Gänge für eine Druckmutter folgendermaßen:

	Anteil der Gänge in Proz. der Schraubenkraft					
	P_1	P_2	P_3	P_4	P_5	P_6
Flachgängiges Gewinde . . .	52	26	13,4	8,6	—	—
Scharfgängiges Gewinde . . .	33,9	23	15,8	11,3	8,6	7,4

Scharfgängige Gewinde weisen eine etwas gleichmäßigere Lastverteilung auf; entscheidend ist die Genauigkeit der Gewinde, eine Forderung, die zum Schleifen hochbelasteter Schrauben führte; ebenso die oben aufliegende Mutter (Abb. 12), wie auch Druckmuttern mit Entlastungsrille (Abb. 13). Bei Stiftschrauben ist sie günstiger als bei den Durchsteckschrauben.

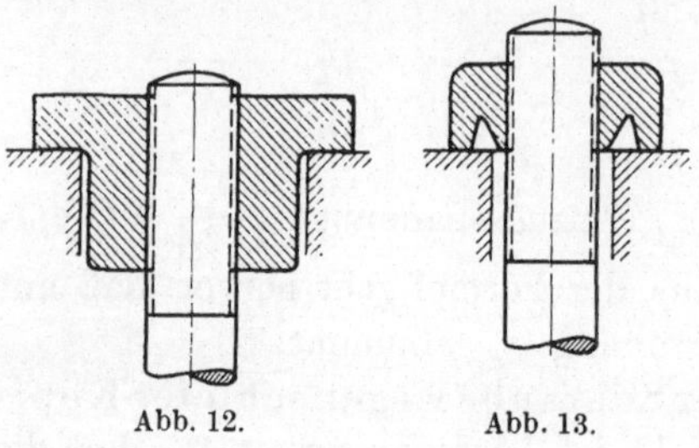

Abb. 12.   Abb. 13.

Die Spannungsverteilung über das Gewindeprofil ist sehr ungleichmäßig. Rechnerisch ist sie nicht zu erfassen. Der größte Wert der Spannungen liegt im Gewindegrund, und zwar der höchste im Gewindegrund des ersten Ganges, weil

1. der zugehörige Kernquerschnitt die gesamte Zuglast zu übertragen hat und

2. der betreffende Gang die höchste Biegebeanspruchung bekommt (B 59).

Diese Spannungsspitze wird bestimmt aus der Nennspannung, die als gleichmäßig über den Kernquerschnitt verteilt gedacht ist und aus der sog. Formziffer α_k (B 4).

Die Formziffer α_k kann man versuchsmäßig ermitteln [Spannungsoptik, Glasmodelle usw. (A 13)], Spannungsspitzen treten auch an den Querschnittsübergängen auf, z. B. vom Schaft zum Kopf oder an Paßbunden usw. Diese sind aber im allgemeinen kleiner als diejenigen im Gewinde.

Schrifttum: A 13, A 14, B 1, B 30, B 34, B 38, B 59.

IV. Werkstoffe (Schrauben, Muttern, Unterlagen).

Für Schrauben und Muttern unterscheidet man zwei große Werkstoffgruppen:

Stahl und *Nichteisenmetalle.*

Für die Wahl des Werkstoffes ist entscheidend:

1. Der Verwendungszweck und die Beanspruchung,
2. gute Verarbeitbarkeit.

1. Je nach dem Verwendungszweck und der Beanspruchung kann man den passenden Werkstoff wählen, z. B. Werkstoffe mit guten Eigenschaften bei

statischer Beanspruchung,   thermischer Beanspruchung,
dynamischer Beanspruchung,   korrosiver Beanspruchung.

2. Je nach der Verarbeitbarkeit kann man wählen Werkstoffe mit guten Eigenschaften bei

I. spanabhebender Herstellung,

II. spanloser Herstellung durch

a) Warmverformung,

b) Kaltverformung.

In den DIN-Normen finden wir Angaben über Schrauben- und Mutterwerkstoffe in DIN 589, DIN 266, DIN 267.

In verschiedenen Fachnormen sind noch verschiedene Werkstoffe angegeben, z. B.

LgN 120.90 Blätter 1.35 (Luftfahrtgerätenormen),

HgN 14 109 (Heeresgerätenormen),

LON 397 usw.

Für Schrauben und Muttern von Rohrleitungen

DIN 2507, DIN 2970.

In den letzten Jahren hat die Zahl der für Schrauben verarbeiteten Werkstoffe sehr zugenommen, und einige Stahlwerke haben für Qualitätsschrauben besonders legierte Stähle entwickelt.

Tabelle 1 enthält einige Richtlinien für die Wahl des Werkstoffes in Abhängigkeit von Beanspruchung und Verarbeitung.

Tabelle 1. Wahl des Werkstoffes.

Spanabhebende Herstellung	Für Schrauben und Muttern Werkstoffe nach DIN-Normen 266 (meist in gezogenem Zustand). Automatenstähle. Für die Muttern genügt St 00.11.
Warmverformung	Für *Schrauben:* St 38.13 nach DIN 1613. Einfache Kohlenstoffvergütungsstähle nach DIN 1661 bzw. legierte Stähle DIN 1662 oder 1663. Für *Muttern:* das sog. „Warmpreß-muttereisen"
Kaltverformung	Für *Schrauben:* St 34.13, einfache Kohlenstoffvergütungsstähle mit guten Kaltverformungseigenschaften und besonderer Eignung für Vergütung. Für *Muttern:* Sonderwerkstoffe mit bestimmtem Phosphor- und Schwefelgehalt
Dynamische Beanspruchung	Vergütbare unlegierte oder Cr-Ni- und Cr-Mo-Stähle
Thermische Beanspruchung	Cr-Mo- und Cr-Mo-V-Stähle mit hoher Dauerstandfestigkeit bei hohen Temperaturen
Korrosive Beanspruchung	Oft austenitische Chrom-Nickel-Stähle geeignet. Schraubenwerkstoffe müssen dem Werkstoff der verspannten Teile angepaßt sein. Das korrodierende Mittel ist zu berücksichtigen

Die Unterlagenwerkstoffe der Kopf- bzw. Mutterauflagefläche bestehen aus dem Werkstoff der Unterlegsscheibe und dem der verspannten Teile. Der durch die Vorspannung und die Betriebsbeanspruchung auf diesen Flächen erzielte Druck darf bestimmte Grenzen nicht überschreiten und C_p darf nicht zu sehr abnehmen (z. B. Isolierscheiben).

Die Werkstoffe der Unterlegsscheiben sind meistens gewöhnliche Stähle oder Nichteisenmetalle.

Die verspannten Teile bestehen aus Werkstoffen, wie Stahl, Gußeisen, Nichteisenmetalle einschließlich der Leichtmetalle. Kunstharzteile werden immer mehr an Bedeutung gewinnen.

Schrifttum: A 3, A 8, A 10, A 12, A 21, A 26.

V. Fertigungsverfahren.

Die Schraubenfertigung bildet einen selbständigen Herstellungszweig mit besonderen Werkzeugmaschinen. Man sucht heute für die Herstellung von Schrauben immer neuere und wirtschaftlichere Lösungen. Entscheidende Richtlinien dafür sind:

1. Die steigenden Anforderungen der Schraubenverbraucher an Maßgenauigkeit und mechanischen Eigenschaften.

2. Vielzahl und Güte der verarbeiteten Werkstoffe.

3. Zunehmende Mengen.

4. Kostensenkung.

Die Herstellungsarten für Bolzen und Muttern kann man in folgende Hauptgruppen unterteilen:

Gruppe I: Spanabhebende Herstellung.

Gruppe II: Herstellung durch Verformung.

a) Warmverformung, b) Kaltverformung.

Die Verfahren haben verschiedene Eigenschaften der Schrauben zur Folge (z. B. geringere Kerbempfindlichkeit bei gewalzten und geschliffenen Gewinden), zumal sie verschiedene Ausgangswerkstoffe voraussetzen. Außerdem hängt ceteris paribus die Belastbarkeit einer Schraube von ihrer Maßgenauigkeit ab. Daher sei im folgenden eine Übersicht über die hauptsächlichsten Bearbeitungsverfahren gegeben.

Für die Warmverformung der Köpfe und Muttern unterscheiden wir zwei Arten von Maschinen:

a) die schlagartig arbeitenden Maschinen,

b) die Stauchpressen,

z. B. Sechskant- und Vierkantschrauben werden auf Schmiedemaschinen hergestellt, Flachrund- und Senkschrauben dagegen warm gepreßt.

Arbeitsverfahren für Kopf, Schaft und Mutter.

Arbeitsverfahren zur Herstellung von	Zerspanend	Spanlos	
		warm	kalt
Kopf	Fräsen (Schneiden)	Schmieden (Stauchen)	Pressen
Schaft	Drehen Schleifen	Reduzieren Hämmern	Fließpressen
Mutter . . .	Fräsen (Schneiden)	Schmieden (Stauchen)	Pressen

Die Kaltpressen für die Kaltverformung von Köpfen und Muttern arbeiten vollkommen selbsttätig und haben eine viel größere Leistung als die Warmpressen. Bei der Entwicklung dieser Maschinen wie auch der Maschinen der spanabhebenden Verformung strebt man nach einer Zusammenfassung mehrerer Arbeitsgänge in einer Maschine mit selbsttätiger Arbeitsweise. Eine Kaltmutterpresse z. B. führt alle Arbeitsstufen für die Mutter vom Rundstahl an bis zum Gewindeschneiden in einer Maschine durch. Schraubenköpfe und Muttern werden durch die spanabhebende Bearbeitung meistens auf Automaten hergestellt.

Tabelle 2.

Herstellungsverfahren	Allgemeine Beurteilung
Schneiden: Drehstahl	Ziemlich teueres Verfahren. Gute Werkzeugmaschinen, tüchtige Facharbeiter
Strehlwerkzeug	Bei sorgfältig hergestelltem Werkzeug erreicht man dieselbe Genauigkeit wie beim Drehstahl
Schneidköpfe	Für Außen- und Innengewinde große Schneidleistungen zu erreichen, mittlere Maßgenauigkeit. Je nach der Bauart des Schneidkopfes kann man ein bestimmtes Toleranzfeld erreichen
Gewindebohrer und Schneideisen	Für Innengewinde und Außengewinde
Fräsen	Für Außen- und Innengewinde a) Einformfräser, b) Mehrrillenfräser
Walzen	Gewalzte Schrauben sind billiger, haben bessere Oberflächengüte und *höhere Festigkeitseigenschaften.* Die einwandfreie Herstellung der Gewindewalzbacken erfordert besondere Erfahrungen
Schleifen	Für Außen- und Innengewinde, besonders für genaue Gewinde anzuwenden. Für gehärtete Teile oder solche mit hoher Festigkeit (bis zu 140 kg/mm^2). Schleifen mit a) Einprofilscheibe, b) Mehrprofilscheibe

Die Herstellungsverfahren für das Gewinde können wir in vorstehender Tabelle 2 zusammenstellen.

Zu den Verfahren des Schneidens und Schleifens tritt als Veredlung das Drücken, das nach FÖPPL die Dauerfestigkeit nennenswert erhöht.

Die Wahl eines Fertigungsverfahrens und der entsprechenden Schraubenfertigungsmaschinen hängt ab

1. von den Anforderungen an Maßgenauigkeit und mechanische Eigenschaften,

2. von dem verwendeten Werkstoff,

3. von der Auftragsgröße.

Schrifttum: A 16, A 17, A 24, A 25, A 26, A 22, A 21, A 20, A 19.

B. Berechnung.

I. Die bisher verwendete statische Berechnungsart.

Schrauben werden als Verbindungsglieder in andere Bauteile eingebaut. Als solche haben sie meistens zügige (dauernd in einer Richtung) wirkende Kräfte aufzunehmen. Unter Annahme einer solchen Beanspruchung macht die Berechnung wenig Schwierigkeiten. Durch Zugrundelegung einer zulässigen Spannung k_z (auf Zug) in kg/mm^2 ist der Kernquerschnitt für den Fall reinen Zuges oder Zugverdrehung leicht zu ermitteln.

Der Flächendruck zwischen den Gewindeflanken und unter den Auflageflächen von Kopf und Mutter darf einen Grenzwert nicht überschreiten.

Für den Fall sorgfältig eingepaßter Bolzen, die Kräfte quer zur Achse aufnehmen müssen, stellt man eine zulässige Spannung auf Abscherung k_s in kg/mm^2 fest. Für dynamische Beanspruchung werden diese zulässigen Spannungen mit $^2/_3$ bis $^1/_3$ ihres Wertes angenommen.

II. Die Haltbarkeit der Schraubenverbindung unter verschiedenen Beanspruchungsarten. — Beeinflussende Faktoren.

In Wirklichkeit werden die Schraubenverbindungen den in Abschnitt A II beschriebenen Beanspruchungsarten unterworfen. Die unklaren Beanspruchungsverhältnisse und die tatsächliche Kraft- und Spannungsverteilung (s. A 3) macht die Berechnung schwieriger. Die auftretenden Betriebsschäden führten in den letzten Jahren zu zahlreichen Untersuchungen mit Schraubenverbindungen. Die Ergebnisse dieser Versuche bei den verschiedenen Beanspruchungsarten bilden die besten Unterlagen für die richtige Gestaltung und Berechnung der

Schraubenverbindungen. Es wurde z. B. festgestellt, daß die Formgebung des Bolzens und der Mutter, die Oberflächengüte, das Herstellungsverfahren für das Gewinde usw. die dynamische Haltbarkeit der Schraubenverbindung entscheidend beeinflussen; gewisse Oberflächenbehandlungen, geeignete Werkstoffe usw. erhöhen die korrosive Haltbarkeit.

Eine exakte Berechnung einer Schraubenverbindung ist trotz der vielen Forschungsarbeiten noch nicht gut möglich, weil gewisse Punkte noch nicht geklärt sind. Eine Übersicht der bisher festgestellten Gesetzmäßigkeiten würde dem Konstrukteur bei der Gestaltung und Berechnung der Schraubenverbindungen große Hilfe leisten.

In Tabelle 3 sind die Zusammenhänge zwischen den Haltbarkeiten der Schraubenverbindung und den folgenden Faktoren dargestellt:

1. Formgebung von Bolzen und Mutter,
2. Gewindeart,
3. Werkstoffe von Bolzen und Mutter,
4. Oberflächengüte,
5. Gewindetoleranzen,
6. Größe des Gewindedurchmessers,
7. Herstellungsverfahren,
8. Behandlung,
9. Vorspannung,
10. Verhältnis: $k = \dfrac{\text{Einheitskraft der Schraube } C_s}{\text{Einheitskraft der verspannten Teile } C_p}$,
11. Zusätzliche Beanspruchungen.

Unter Haltbarkeit einer Schraubenverbindung verstehen wir die von ihrem Nennquerschnitt bis zum Bruch ertragbare Spannung. Die Haltbarkeit einer Schraubenverbindung unterteilt man in Haltbarkeit des Gewindeteiles (G) und Haltbarkeit des übrigen Teiles, nämlich Schaft und Kopf (S).

In Tabelle 3 sind Hinweise über Zusammenhänge folgender Haltbarkeiten der Schraubenverbindungen zusammengestellt:

1. Haltbarkeit unter Zug,
2. Haltbarkeit beim Anziehen,
3. Dauerhaltbarkeit bei Wechselbeanspruchung (schwingend oder schlagartig),
4. Dauerhaltbarkeit bei hohen Temperaturen (Dauerstandhaltbarkeit und zugwechselnde Haltbarkeit),
5. Haltbarkeit unter Korrosion (zügige und wechselnde Haltbarkeit).

In der Tabelle ist bei den einzelnen Punkten das betreffende Schrifttum angegeben.

Tabelle 3.

Haltbarkeiten nach den Beanspruchungsarten A 2		a) Formgebung		Schrifttum	b)	Schrifttum
		Bolzen	Mutter		Gewindeart	
A Haltbarkeit unter Zug	S	Kopfübergang darf nicht scharf sein	—	B 7 B 8 B 33	—	B 12 B 6 B 11 B 7
	G	—	Mutterhöhe $= 0{,}8\,d$, nicht unter $0{,}7\,d$. Kleinere Schlüsselweite setzt die Haltbarkeit herab	B 10 B 14 B 1 B 6 B 11 B 9	Grobes Gewinde besser als feines Gewinde	
B Haltbarkeit beim Anziehen	S	Kopfübergang darf nicht scharf sein	—	B 8 B 7	—	B 12 B 6 B 7
	G	—	Mutterhöhe Schlüsselweite } wie unter A nicht unter $0{,}8\,d$		Grobes Gewinde besser als feines Gewinde	
C Dauerhaltbarkeit bei Wechselbeanpruchung	S	Beim Kopfübergang gleichmäßig zunehmende Krümmung	—	B 8 B 25 B 15 B 4 B 6 B 5		B 19 B 6
	G	Schaftdurchmesser: besser verjüngt bei schlagartiger Beanspruchung	Mutterhöhe: nicht unter $0{,}6\,d$. Mutterform: Zug- oder Stiftmutter, günstiger Mutter mit Entl.-Kerbe	B 13 A 13	Kerbgrundabrundung: möglichst groß. Grobes } nicht fest Feines } gestellt	

Tabelle 3 (Fortsetzung).

		c) Werkstoffe — Bolzen	Mutter	Schrifttum	d) Oberflächengüte	Schrifttum	e) Gewindetoleranzen	Schrifttum
A	S	Gute Zähigkeitseigenschaften für die Haltbarkeit des Kopfes. Hohe Zugfestigkeit. Streckgrenze	—	B 58 B 16 B 17 B 6 B 1 A 10	—		—	B 22 B 25 A 2
	G	Große Verfestigungsfähigkeit erhöht die Haltbarkeit. Zugfestigkeit. Hohe Streckgrenze	Mutterhöhe bzw. Einschraubtiefe wird von der Festigkeit des Werkstoffes beeinflußt		—		Mindesttragtiefe berücksichtigen	
B	S	Wie unter A	—	D 4 B 18	Gute Oberflächenbeschaffenheit erhöht die Haltbarkeit	D 5 D 1 D 3 B 25	—	D 5 D 2
	G	Wie unter A. Bei Wahl des Werkstoffes für Bolzen und Mutter das Neigen zum Fressen vermeiden	Wie unter A				Mindesttragtiefe berücksichtigen. Winkelfehler ruft Fressen hervor. Steigungsfehler vermindert Reibungswert	
C	S	Möglichst kleine Kerbempfindlichkeit. Große Dauerfestigkeit	—	B 19 B 20 B 45 B 4 B 26 A 10	Möglichst hohe Oberflächengüte	B 21 B 45 B 4	—	B 23 B 24
	G	Möglichst kleine Kerbempfindlichkeit. Hohe Streckgrenze	Werkstoffe mit niedrigen E-Modulen erhöhen die Haltbarkeit				Mindesttragtiefe berücksichtigen	

Tabelle 3 (Fortsetzung).

		f) Größe d. Gewindedurchmessers	Schrift- tum	g) Herstellungsverfahren	Schrift- tum	h) Behandlung	Schrift- tum
A	*S*	Kleiner Durchmesser erhöht die Haltbarkeit	A 3 A 26 A 21	Kaltstauchen des Kopfes erhöht die Haltbarkeit	B 6 A 21 A 19 A 17 A 22	Vergüten oder Glühen des Kopfes erhöht die Haltbarkeit	B 35 B 6 B 30 B 20
	G	—		Walzen besser als Schneiden oder Schleifen		Vergüten, besonders vor der Gewindeherstellung, erhöht die Haltbarkeit	
B	*S*	—	B 18 D 1 D 6	Wie unter A	D 2	Wie unter A	B 26 D 1 B 25
	G	Kleiner Gewindedurchmesser erhöht die Abwürgegefahr		Wie unter A Herstellungsverfahren beeinflussen meistens den Reibungswert		Wie unter A Schmieren, Nitrieren vermeiden das Fressen im Gewinde, Eloxieren empfehlenswert bei Leichtmetallschrauben mit kleinerer Belastung	
C	*S*	—	B 20 B 7 B 13	Kaltstauchen des Kopfes besser als Fräsen bzw. Schneiden	B 25 B 30 B 4 A 22 B 58	Vergüten erhöht die Haltbarkeit, besonders bei Werkstoffen mit hoher Zugfestigkeit. Einsatzhärten und Nitrieren wirken günstig. Oberflächendrücken erhöht die Haltbarkeit	B 6 B 27 A 18 B 28 B 29 B 51 A 21
	G	Kleiner Gewindedurchmesser erhöht die Haltbarkeit, besonders bei einigen Werkstoffen		Einfluß des Walzens bzw. Schneidens hängt vom Werkstoff ab. Meistens gleichwertig. Gewinde mit dem Schneidzeug geschnitten besser als geschliffenes		Wärmebehandlung nach der Gewindeherstellung schädlich. Vor der Gewindeherstellung erhöht sie die Haltbarkeit. Einsatzhärten und Nitrieren günstig. Druckeigenspannungen und Nachdrücken des Gewindegrundes erhöhen die Haltbarkeit	

Tabelle 3 (Fortsetzung).

		i) Vorspannung	Schrifttum	j) Verhältnis der Elastizitätszahlen der Schrauben und der verspannten Teile k	Schrifttum	k) Zusätzliche Beanspruchung — Verdrehung	Biegung und Wärmedehnung	Schrifttum
A	*S*	—		—		Haltbarkeit herabgesetzt. Besonders bei verjüngt. Durchmesser	Haltbarkeit herabgesetzt. Besonders bei schlechter Zähigkeit	B 33 B 34 B 6 B 30 D 2
	G	—		—		Haltbarkeit herabgesetzt.	Haltbarkeit herabgesetzt. Besonders bei schlechter Zähigkeit	
B	*S*	—		—		Wie unter A		
	G	—		—		Wie unter A		
C	*S*	Vorspannung nicht unter einem Mindestwert. Bei größerer Vorspannung Haltbarkeit herabgesetzt	B 31 B 32 B 20 B 30 B 4	Kleine Federkonstante der Schraube C_s erhöht die Haltbarkeit bei schlagartiger Beanspruchung	B 6 B 15 B 30 B 34	Erhöhung der Mittelspannung. Herabsetzung der Haltbarkeit		B 30 B 20 B 4
	G	Vorspannung nicht unter einem Mindestwert. Nicht über einen Höchstwert, sonst bleibende Verformungen		Kleine Federkonstante der Schraube C_s erhöht die Haltbarkeit bei schlagartiger Beanspruchung		(Nicht genau festgestellt)	(Nicht festgestellt)	

Tabelle 3 (Fortsetzung).

			a) Formgebung		Schrifttum	b)	Schrifttum
			Bolzen	Mutter		Gewindeart	
D	Dauerhaltbarkeit bei hohen Temperaturen	S	Kopfübergang wie unter C	—	B 36 B 37 A 6 A 11	—	
		G	Große Rundungen und Entlastungsübergänge wie unter C. Schaftdurchmesser verjüngt	Mutterform: wie unter C		Grobes Gewinde günstiger als feines. Für Wechselbelastung wie unter C	
E	Haltbarkeit unter Korrosion	S	—	—	B 42 B 39 B 54		
		G	—	—		Wie unter A. Für Wechselbelastung	
F	Zusätzliche Beanspruchungen I. Verdrehung	I.	Verjüngter Schaftdurchmesser erhöht die Beanspruchung im Schaft		B 33 B 6 B 38	—	
	II. Biegung	II.	Schaftdurchmesser verjüngt und Länge zwischen Auflageflächen möglichst groß, setzen die Beanspruchungen herab			—	
	III. Wärmedehnung	III.	Wie bei F II				

Tabelle 3 (Fortsetzung).

		Werkstoffe c)		Schrift-tum	d)	Schrift-tum
		Bolzen	Mutter		Oberflächengüte	
D	S	Stähle mit hoher Dauerstandfestigkeit. E-Modul möglichst konstant bei hohen Temperaturen	—	B 37 B 55 B 40	Nicht festgestellt	
	G	Cr-Ni-, Cu-, Ni-, Cr-Si-Stähle haben geringere Haltbarkeit. Günstig verhalten sich die Cr-Mo-, Vanadin- und Wolfram-Stähle	Mutterwerkstoff muß härter oder verschieden vom Bolzenwerkstoff sein, sonst Fressen	B 41 B 46 A 9 A 11 A 12		
E	S	Hängt auch vom korrodierenden Mittel ab. Schraubenwerkstoffe müssen aus derselben Gattung wie die verspannten Teile sein.	—	B 42 B 17 B 44 A 8	Oberfläche möglichst glatt	B 44
	G	Cr- und Cr-Ni-Stähle erhöhen die Haltbarkeit (korrosionsbeständig)	Mutterwerkstoff muß verschieden vom Bolzenwerkstoff sein			
F	I.	Härteunterschied zwischen Bolzen- und Mutterwerkstoff beeinflußt die Beanspruchung		B 34 B 40	Hohe Oberflächengüte setzt die Beanspruchung herab	D 5 B 25
	II.	Niedriger E-Modul des Bolzenwerkstoffes oder niedrige Streckgrenze von Bolzen- und Mutterwerkstoff setzen die Beanspruchung herab.		B 38 B 37 A 6	—	
	III.	Größere Wärmeausdehnungszahl des Bolzens und Abfall des E-Moduls setzen die Beanspruchung herab.			—	

Tabelle 3 (Fortsetzung).

		e) Gewindetoleranzen	Schrifttum	f) Größe des Gewindedurchmessers	Schrifttum	g) Herstellungsverfahren	Schrifttum
D	*S*	—	B 37 B 40	—		—	
	G	Großes Spitzenspiel und ziemlich großes Flankenspiel vermeiden Fressen bei hohen Temperaturen		Nicht festgestellt		Nicht festgestellt	
E	*S*	—		—		—	
	G	—		Nicht festgestellt		Nicht festgestellt	
F	I.	Winkel-, Steigungsfehler, Übermaß im Flankendurchmesser beeinflussen die Beanspruchung	D 5 D 2 B 25	Kleiner Durchmesser erhöht die Beanspruchung	B 38 B 6 B 34 B 7	Bei gerollten Schrauben Beanspruchung kleiner als bei geschnittenen oder geschliffenen	
	II.	—		Kleiner Durchmesser setzt die Beanspruchung herab		—	
	III.	—				—	

Tabelle 3 (Fortsetzung).

		h) Behandlung	Schrifttum	i) Vorspannung	Schrifttum
D	S	Vorglühen erhöht die Haltbarkeit. Vergüten von Mo- und V-Stählen erhöht oft Haltbarkeit. Langsame Abkühlung für C-, Mn-, Cr-Stähle günstiger	B 49 B 48 B 40	Nicht über einen Höchstwert (Gefahr des Kriechens). Nicht unter einen Mindestwert, besonders für Wechselhaltbarkeit	B 47 B 38 B 37 B 36 B 53
	G	Nitrieren zu empfehlen (Fressen vermieden). Einfluß von Wärmebehandlung nicht festgestellt		Nicht über einen Höchstwert (Gefahr verformungslosen Bruches)	
E	S	Verfahren, die eine kristalline Phosphatschicht erzeugen, bieten guten Korrosionsschutz. Eloxieren für Leichtmetallschrauben günstig. Galvanische Überzüge erhöhen oft die Wechselhaltbarkeit. Aufschweißen bzw. Plattieren korrosionsbeständiger Werkstoffe günstig	B 50 B 42 B 51 B 52 B 46	—	
	G	Nitrieren und Einsatzhärten erhöhen die Wechselhaltbarkeit. Erzeugung von Druckeigenspannungen und Oberflächendrücken erhöhen die Haltbarkeit		—	
F	I.	Schmieren, Nitrieren, Eloxieren bei Leichtmetallschrauben, Nachdrücken des Gewindes setzen oft die Beanspruchung herab.	D 1 B 38 D 3 B 26	—	
	II.	—		Zunehmende Vorspannung erhöht die Beanspruchung	B 38 B 6 B 34
	III.	—		Zunehmende Vorspannung setzt die Beanspruchung herab	

Tabelle 3 (Fortsetzung).

		j)		Schrifttum	k)		Schrifttum
		Verhältnis der Elastizitätszahlen der Schraube und der verspannten Teile k			Zusätzliche Beanspruchungen: Verdrehung, Biegung und Wärmedehnung		
D	S	Wie unter A und C			Wie unter A und C		B 38 B 53
	G	Wie unter A und C			Nicht festgestellt. Setzt die Dauerstandhaltbarkeit herab		
E	S	Wie unter A und C			Wie unter A und C		B 42
	G	Wie unter A und C			Nicht festgestellt. Wie unter A und C		
F	I.	Zurückfedern der verspannten Teile setzt die Beanspruchung herab.		B 38 B 37 B 34 B 36			
	II.	Möglichst starre verspannte Teile (Zahl k klein). Unterlegscheiben bzw. verspannte Teile mit niedrigen Quetschgrenzen setzen die Beanspruchung herab.					
	III.	Möglichst elastische verspannte Teile (Zahl k groß) setzen die Beanspruchung herab.					

III. Gesetzmäßigkeit einer sich der Wirklichkeit nähernden Berechnung.

Die Erkenntnis der Zusammenhänge der Tabelle 3 gibt dem Konstrukteur Anlaß, die Schraubenverbindung in jedem Konstruktionsfall bzw. jeder Beanspruchungsart genauer und betriebssicherer zu gestalten bzw. zu berechnen, als dies bisher zu geschehen pflegte.

Die Schraubenverbindung wird im Zusammenbau immer mit einer Vorspannung eingesetzt. Diese Vorspannung bildet zusammen mit den Betriebskräften und zusätzlichen Beanspruchungen die äußere Belastung der Schraubenverbindung.

Bei der Berechnung stellt man die Forderung, daß in dem so gebildeten Spannungszustand die Haltbarkeit der Schraubenverbindung weder im Schaft noch im Gewinde überschritten werden darf. Manchmal wird diese Forderung anders gestellt, z. B. bei zügig wirkenden Kräften darf die höchste Schraubenkraft keine bleibende Formänderung hervorrufen, oder bei Beanspruchung unter hohen Temperaturen darf man eine Zeitstandhaltbarkeit nicht überschreiten. Die Vorspannung ist der Hauptanteil der Belastung der Schraubenverbindung. Die Größe derselben wird durch die Form und die elastischen Eigenschaften der verspannten Teile mitbestimmt.

Aus Tabelle 3 ersieht man den Einfluß der Vorspannung auf die Haltbarkeiten und zusätzlichen Beanspruchungen der Schraubenverbindungen. Die Bestimmung der jeweiligen nötigen Vorspannung sowie die der Grenzen, zwischen denen dieselbe schwanken darf, bildet die Grundlage der Berechnung.

U. a. ist auch das Anziehen der Schraube mit der Hand zu berücksichtigen. In Tabelle 4 sind die häufigsten Handmomente durch den Schlüssel nach DIN 129 an Schrauben M 10 bis M 48 eingetragen. Durch Annahme von mittleren Reibungswerten sind die entstehenden Anzugsspannungen im Gewindekernquerschnitt errechnet (s. auch Nomogramm Abb. 39).

Tabelle 4.

Häufigste Handmomente und entstehende Anzugsspannungen.

[Reibungswert im Gewinde ($\mu' = 0{,}2$) $M_{GA} = {}^2/_3\, Md$, siehe auch Nomogramm Abb. 39.]

Schraube	Handmoment kgm	σ_A kg/mm²
M 10	3,9	52,5
M 12	5,2	39,6
M 14	5,83	25,2
M 16	7,15	20,7
M 18	8,8	19
M 20	9,6	13,8
M 22	11,7	12,2
M 24	12,35	10,52
M 27	15	8,4
M 36	22,1	5,28
M 42	27,3	4
M 48	34,3	3,5

Für die Arbeit des Konstrukteurs wäre es eine große Erleichterung, wenn er bei der Wahl der Vorspannung an Hand von Hilfstafeln die größte Anstrengung im Gewinde und im Schaft berücksichtigte. Dadurch hätte er ein Mittel in der Hand, sofort die gewählte Vorspannung sowie auch ihre zulässige Toleranz in bezug auf bleibende Verformungen zu kontrollieren. Zu diesem Zweck ist die Tabelle 5 aufgestellt. Aus Spalten I und II ergibt sich das Verhältnis $\dfrac{\sigma_{red\,g}}{\sigma_S}$, aus III das Verhältnis $\dfrac{\sigma_{red\,g}}{\sigma_D}$ in Abhängigkeit vom Verhältnis $\dfrac{\sigma_A}{\sigma_S}$ für die Spalten I und II bzw. vom Verhältnis $\dfrac{\sigma_A}{\sigma_D}$ für die Spalte IV. Hierin bedeutet

$$\sigma_{red\,g} = \text{reduzierte Spannung im Gewindekernquerschnitt,}$$
$$\sigma_S = \text{Streckgrenze,}$$
$$\sigma_A = \text{Anzugsspannung,}$$
$$\sigma_D = \text{Dauerstandsfestigkeit.}$$

Tabelle 5. Einfluß der Vorspannung auf die statische Anstrengung im Gewindekernquerschnitt.

$\dfrac{\sigma_A}{\sigma_S}$	I Zügige Belastung $\dfrac{\sigma_{red\,g}}{\sigma_S}$	II Dauerwechselbelastung $\sigma_{red\,g}/\sigma_S$ für $\sigma_S=30\ \text{kg/mm}^2$	II Dauerwechselbelastung $\sigma_{red\,g}/\sigma_S$ für $\sigma_S=90\ \text{kg/mm}^2$	III $\dfrac{\sigma_A}{\sigma_D}$	IV Dauerstandsbelastung $\dfrac{\sigma_{red\,g}}{\sigma_D}$
0,1	0,149	0,302	0,20	0,1	0,238
0,2	0,281	0,454	0,354	0,2	0,438
0,3	0,413	0,606	0,506	0,3	0,638
0,4	0,545	0,76	0,66	0,4	0,838
0,5	0,677	0,91	0,81	0,5	1,038
0,6	0,810	1,06	0,96	0,6	1,238
0,7	0,942				
Mindestwert .	$\sigma_A=0{,}33\,\sigma_S$	$\sigma_A=0.1$	$0{,}25\,\sigma_S$		$\sigma_A=0{,}19\,\sigma_D$
Höchstwert .	$\sigma_A=0{,}70\,\sigma_S$	$\sigma_A=0{,}55$	$0{,}60\,\sigma_S$		$\sigma_A=0{,}40-0{,}45\,\sigma_D$

Für die Aufstellung dieser Tabelle in den drei Hauptbelastungsfällen wurde folgendes angenommen:

eine gewisse bleibende Vorspannung der verspannten Teile, ein mittlerer Wert k,

eine Sicherheit $S = 2{,}5$ im Gewindekernquerschnitt gegen plastische Verformung, Dauerbruch und Dauerstandbruch,

die zusätzlichen Beanspruchungen als gewisse Prozente der Vorspannung.

Die Rechnung wurde folgendermaßen vorgenommen:

1. **Zügige Belastung.** $\sigma_{\mathrm{red}\,g} = \underbrace{1{,}32\,\sigma_A}_{} + \underbrace{\sigma\dfrac{k}{1+k}}_{}\cdot$

Anzugsspannung und zusätzliche

  Beanspruchungen $\leftarrow$

Anteil der Betriebsspannung $\leftarrow$

Bleibende Vorspannung der verspannten Teile annähernd $\sigma' \approx 1{,}60\,\sigma$. (Der Dichtungsdruck wird dann der 2fache des inneren Druckes; s. B 53. B 60.)

$$1{,}3\,\frac{P_0}{f_k}\cdot 2{,}5 = 1{,}15\,\sigma_S = \text{Streckgrenze des Schraubenkernes}$$

$$1{,}3\,(\sigma + \sigma')\,2{,}5 = 1{,}15\,\sigma_S,\ \sigma = \frac{1}{7{,}33}\,\sigma_S.$$

Für einen mittleren Wert $k = 0{,}15$, $\dfrac{k}{1+k} = 0{,}13$

$$\frac{\sigma_{\mathrm{red}\,g}}{\sigma_S} = 1{,}32\,\frac{\sigma_A}{\sigma_S} + \frac{\sigma}{\sigma_S}\,0{,}13 = 1{,}32\,\frac{\sigma_A}{\sigma_S} + \frac{0{,}13}{7{,}33},$$

$$\frac{\sigma_{\mathrm{red}\,g}}{\sigma_S} = 1{,}32\,\frac{\sigma_A}{\sigma_S} + 0{,}017.$$

Aus der angenommenen bleibenden Vorspannung ergibt sich als Mindestwert der Vorspannung:

$$\sigma_A = 1{,}60\,\sigma + \sigma\,\frac{1}{1+k} \approx 0{,}33\,\sigma_S.$$

2. **Dauerstandbelastung.** $\sigma_{\mathrm{red}\,g} = \underbrace{2\,\sigma_A}_{} + \underbrace{\sigma\dfrac{k}{1+k}}_{}\cdot$

Anzugsspannung $+$ Wärme

  und Biegespannung $\leftarrow$

Anteil der Betriebsspannung $\leftarrow$

$$\frac{P_{0\,w}}{f_k}\cdot 2{,}5 = 0{,}8\,\sigma_D = \text{Dauerstandhaltbarkeit des Schraubenkernes.}$$

$$\left[\sigma_A + 0{,}5\,\sigma_A + \sigma\,\frac{k}{1+k}\right]2{,}5 = 0{,}8\,\sigma_D.$$

Mittlerer Wert k für biegungsweichen Flansch $k = 1{,}5\cdot\dfrac{k}{1+k} = 0{,}6$.

Mindestwert der Vorspannung aus Erfahrungswerten für die Erhaltung des Dichtungsdruckes $\sigma_A = 3\,\sigma$ dann, $[4{,}5\,\sigma + 0{,}6\,\sigma] = \dfrac{0{,}8\,\sigma_D}{2{,}5}$,

$\sigma = 0{,}063\,\sigma_D$

$$\frac{\sigma_{\mathrm{red}\,g}}{\sigma_D} = 2\,\frac{\sigma_A}{\sigma_D} + 0{,}038.$$

Mindestwert der Vorspannung

$$\sigma_A = 3\,\sigma = 3\cdot 0{,}063\,\sigma_D = \underline{0{,}19\,\sigma_D}.$$

3. **Dauerwechselbelastung.** $\quad \sigma_{\mathrm{red}\,g} = \underbrace{1{,}52\,\sigma_A}_{} + \underbrace{\sigma\,\dfrac{k}{1+k}}_{}\,.$

Anzugsspannung und zusätzliche
  Beanspruchungen ⟵

Anteil der wechselnden Betriebslast ⟵

$$\frac{1}{2}\,\sigma\,\frac{k}{1+k}\cdot 2{,}5 = \sigma_D = \text{Zugwechselhaltbarkeit der Schraube.}$$

Mittlerer Wert $k = 0{,}4$ und $\sigma_D = \pm\,6\ \mathrm{kg/mm^2}$,

$$\sigma\,\frac{k}{1+k} = \frac{12}{2{,}5} = 4{,}8\,,$$

$$\frac{\sigma_{\mathrm{red}\,g}}{\sigma_S} = 1{,}52\,\frac{\sigma_A}{\sigma_S} + \frac{4{,}8}{\sigma_S}\,.$$

Wir unterscheiden 2 Fälle

$$1.\ \ \sigma_S \approx 30\ \mathrm{kg/mm^2}\quad \frac{4{,}8}{\sigma_S} = 0{,}15\,,$$

$$2.\ \ \sigma_S \approx 90\ \mathrm{kg/mm^2}\quad \frac{4{,}8}{\sigma_S} = 0{,}05\,.$$

Mindestwert der Vorspannung für eine bleibende Vorspannung der verspannten Teile $\sigma' = 1{,}60\,\sigma$,

$$\sigma_A = 1{,}60\,\sigma + \frac{\sigma}{1+k} = 0{,}10 - 0{,}25\,\sigma_s\,.$$

Für den Konstrukteur ist in vielen Fällen (Wechselbeanspruchung, Beanspruchung bei hohen Temperaturen) eine Verjüngung des Schaftdurchmessers wünschenswert (s. Tabelle 3). In Tabelle 6 ersieht man für normale Verhältnisse $\left[\dfrac{\text{Gewindelänge}}{\text{Schraubenlänge}} = \text{normal}\right]$ den Einfluß der Verjüngung des Schaftdurchmessers $\dfrac{d_s}{d_1}$ auf die Einheitskraft der Schraube C_s und die Werte $\dfrac{1}{1+k}$, $\dfrac{k}{1+k}$, λ (A III, S. 6) in Prozent. Für normale Schrauben mit vollem Schaft wird der Wert $\dfrac{d_s}{d_1} = 1{,}20$ eingesetzt.

Tabelle 6.

$\dfrac{d_s}{d_1}$	C_s	$\dfrac{1}{1+k}$	$\dfrac{k}{1+k}$	λ	λ in %
1,20	100	100	100	1,18	100
1,0	73,5	108	80,5	0,87	73,7
0,9	61,5	112	68,4	0,752	61,5
0,8	49,4	117	58	0,585	49,5
0,7	38,8	121	47,4	0,457	38,8
0,6	29,0	125	37,0	0,342	29,0
0,5	20,6	129	26,3	0,241	20,4

Die Verjüngung des Schaftdurchmessers vermindert auch die zusätzlichen Beanspruchungen der Schraube. Diese Zusammenhänge sind für mittlere Verhältnisse in der Tabelle 7 in Prozent dargestellt.

Mit der Verjüngung des Schaftdurchmessers wachsen aber die im Schaft auftretenden Spannungen erheblich und damit auch die Gefahr plastischer Verformung oder Bruches. Die Aufstellung von Hilfstafeln für die Größe der Anstrengung im Schaft wäre für die Arbeit des Konstrukteurs angebracht. In der Tabelle 8 werden die Anstrengungen (reduzierte Spannungen) im Gewindekernquerschnitt ($\sigma_{\mathrm{red}\,g}$) und im Schaft ($\sigma_{\mathrm{red}\,s}$) für mittlere Verhältnisse in Abhängigkeit von $\dfrac{d_s}{d_1}$ angegeben.

Tabelle 7.
Einfluß der Verjüngung des Schaftdurchmessers d_s/d_1 auf die zusätzlichen Beanspruchungen im Gewindekernquerschnitt.

$\dfrac{d_s}{d_1}$	Biegespannung σ_B	Wärmespannung σ_W
1,20	100	100
1,0	48	76
0,9	31,6	63,3
0,8	19,6	50
0,7	11,5	37,3
0,6	6,25	21
0,5	3,04	12,9

Tabelle 8. Einfluß der Verjüngung des Schaftdurchmessers d_s/d_1 auf die Anstrengungen im Gewinde und im Schaft in Prozent

$\dfrac{d_s}{d_1}$	Zügige Belastung		Dauerstandbelastung		Dauerwechselbelastung	
	$\sigma_{\mathrm{red}\,g}$	$\sigma_{\mathrm{red}\,s}$	$\sigma_{\mathrm{red}\,g}$	$\sigma_{\mathrm{red}\,s}$	$\sigma_{\mathrm{red}\,g}$	$\sigma_{\mathrm{red}\,s}$
1,20	101—111	66—72,5	115—119	75—78	109—110	71,5—72
1,0	100	100	100	100	100	100
0,9	98—99,5	125,5—127	92,5—93	117—119	96—97	122—124
0,8	96—99	169—174,5	85—87,5	150—154	93—94	164—166
0,7	94—99	231—243	80—83	197—204	90,5—92,5	223—228
0,6	93—98,5	343—365	74—77	273—285	91—98	330—337
0,5	91,5—98	550—590	70—73,5	420—443	87,3—90,5	525—545

Die Errechnung dieser Tabelle ist folgendermaßen vorgenommen worden:

$\sigma_{\mathrm{red}\,g}$ wird bestimmt aus den Normalspannungen σ_H und der Verdrehspannung τ_d.

$$\sigma_H = \sigma_A + \sigma\,\frac{k}{1+k} + \text{zusätzliche Beanspruchung,}$$

$$\tau_d \approx 0,5\,\sigma_A \qquad \sigma_{\mathrm{red}\,g} = \sqrt{\sigma_H^2 + 3\,\tau_d^2}\,.$$

$\sigma_{\mathrm{red}\,s}$ wird nach derselben Weise bestimmt aus den Normalspannungen σ_H' und der Verdrehspannung τ_d':

$$\sigma_H' = \sigma_H\left(\frac{d_1}{d_s}\right)^2, \qquad \tau_d' = \tau_d\left(\frac{d_1}{d_s}\right)^3,$$

$$\sigma_{\mathrm{red}\,g_s} = \sqrt{\sigma_H'^2 + 3\,\tau_d'^2}\,.$$

Für die drei Belastungsarten sind die jeweils vorkommenden zusätzlichen Beanspruchungen und der Anteil der Betriebslast $\sigma \dfrac{k}{1+k}$ unter Annahme von mittleren Werten als gewisse Prozente von σ_A ausgedrückt. Hiernach wurden auch die $\sigma_{\text{red}\,g}$ und $\sigma_{\text{red}\,s}$ in Abhängigkeit von σ_A ermittelt und für jeden Wert von $\dfrac{d_s}{d_1}$ unter Berücksichtigung der Veränderung der zusätzlichen Beanspruchungen und $\sigma \dfrac{k}{1+k}$ nach Tabelle 7 bestimmt. Die errechneten Werte sind in Prozenten in Ab-

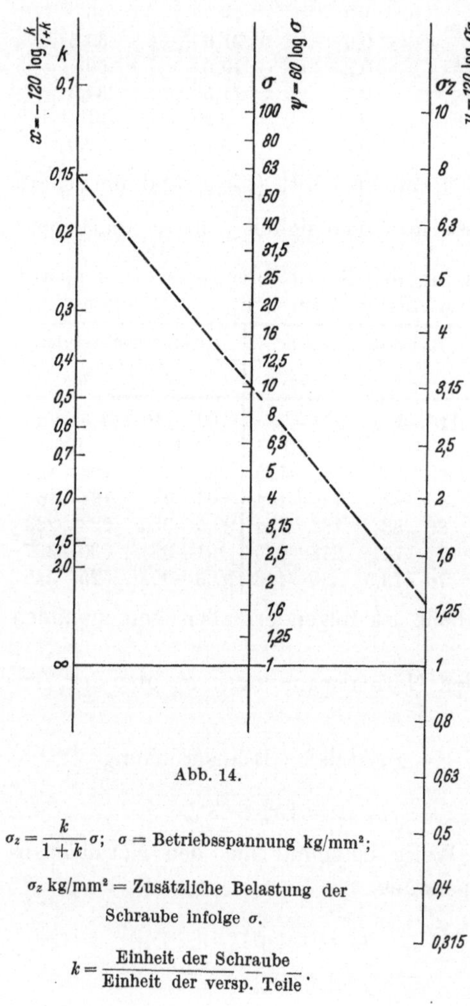

Abb. 14.

$\sigma_z = \dfrac{k}{1+k}\,\sigma;\quad \sigma = \text{Betriebsspannung kg/mm}^2;$

$\sigma_z\ \text{kg/mm}^2 = \text{Zusätzliche Belastung der Schraube infolge } \sigma.$

$k = \dfrac{\text{Einheit der Schraube}}{\text{Einheit der versp. Teile}}.$

hängigkeit von $\dfrac{d_s}{d_1}$ und in der Tabelle 8 eingetragen.

Für den Konstrukteur wären graphische Tabellen für die zusätzlichen Beanspruchungen in Abhängigkeit von der veränderlichen Vorspannung σ_A, Zahl k usw. sehr vorteilhaft. Dazu sind die Nomogramme Abb. 14 bis 18 beigefügt.

Nomogramm Abb. 14:
$\sigma_z = \dfrac{k}{1+k}\,\sigma$ gibt die zusätzliche Belastung der Schraube infolge der Betriebsspannung.

Nomogramm Abb. 15:
$\sigma_B = Q\,k\,\sigma_A$ gibt die Biegespannung im Schaftquerschnitt infolge der Verformung der verspannten Teile. Die Formel ist ausführlich erläutert in A III, S. 11. Der Beiwert Q wird immer wegen plastischer Verformungen kleiner als der errechnete Wert (s. S. 11) angenommen.

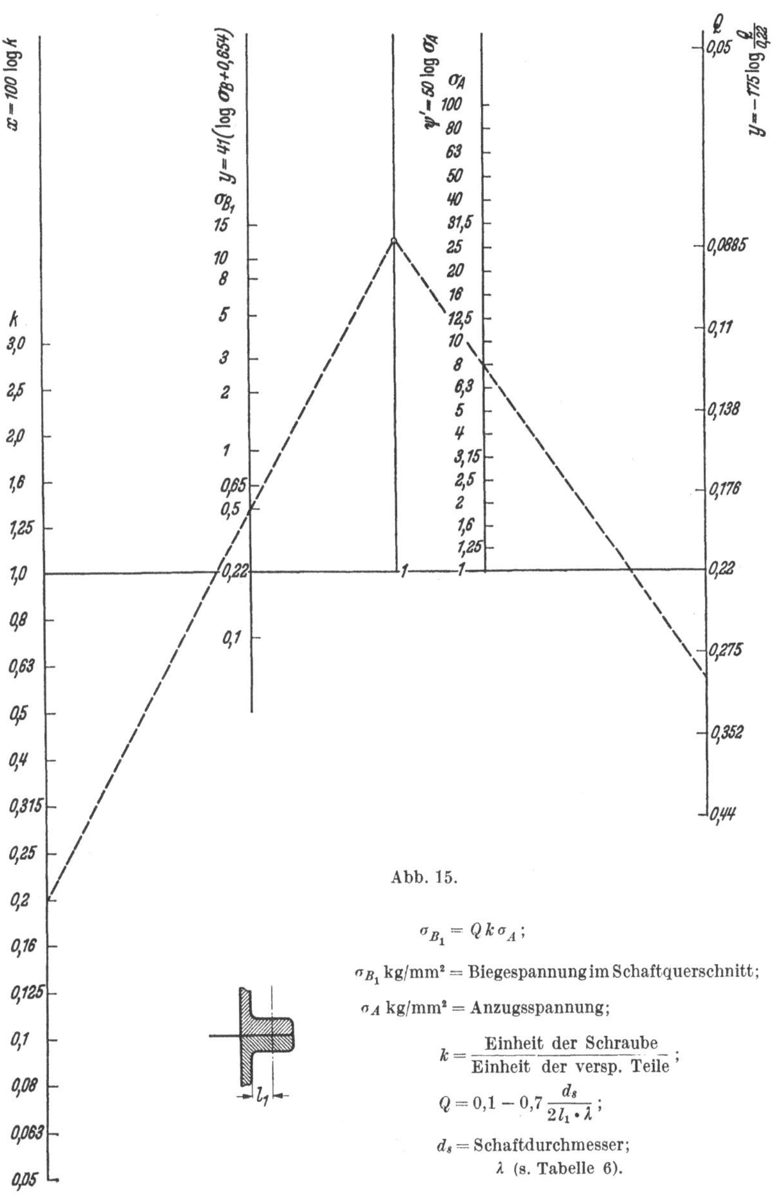

Abb. 15.

$$\sigma_{B_1} = Q \, k \, \sigma_A;$$

σ_{B_1} kg/mm² = Biegespannung im Schaftquerschnitt;

σ_A kg/mm² = Anzugsspannung;

$$k = \frac{\text{Einheit der Schraube}}{\text{Einheit der versp. Teile}};$$

$$Q = 0{,}1 - 0{,}7 \, \frac{d_s}{2 \, l_1 \cdot \lambda};$$

d_s = Schaftdurchmesser;

λ (s. Tabelle 6).

Nomogramm Abb. 16: $\sigma_{B_2} = Q' \dfrac{d_s}{l_f} E \operatorname{tg} \varphi$ gibt die Biegespannung im Schaftquerschnitt infolge Nichtparallelität der Auflageflächen von Kopf und Mutter. Der Faktor Q' ist wegen plastischer Verformung immer < 1.

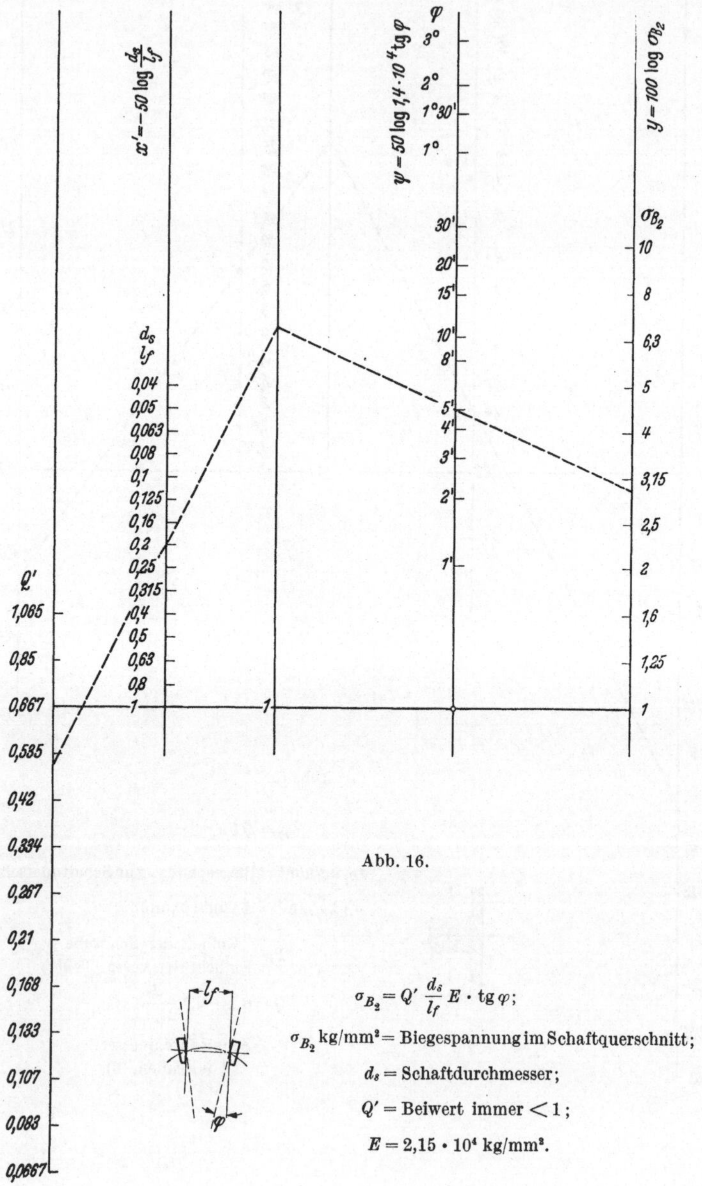

Abb. 16.

Nomogramm Abb. 17: $\dfrac{\tau_d}{\sigma_A} = \dfrac{2\,d_2\,\mathrm{tg}\,(\alpha + \varrho')}{d_1}$ zeigt die Verdrehspannung in Abhängigkeit von der Anzugsspannung für verschiedene Reibungsziffern und Gewindegrößen.

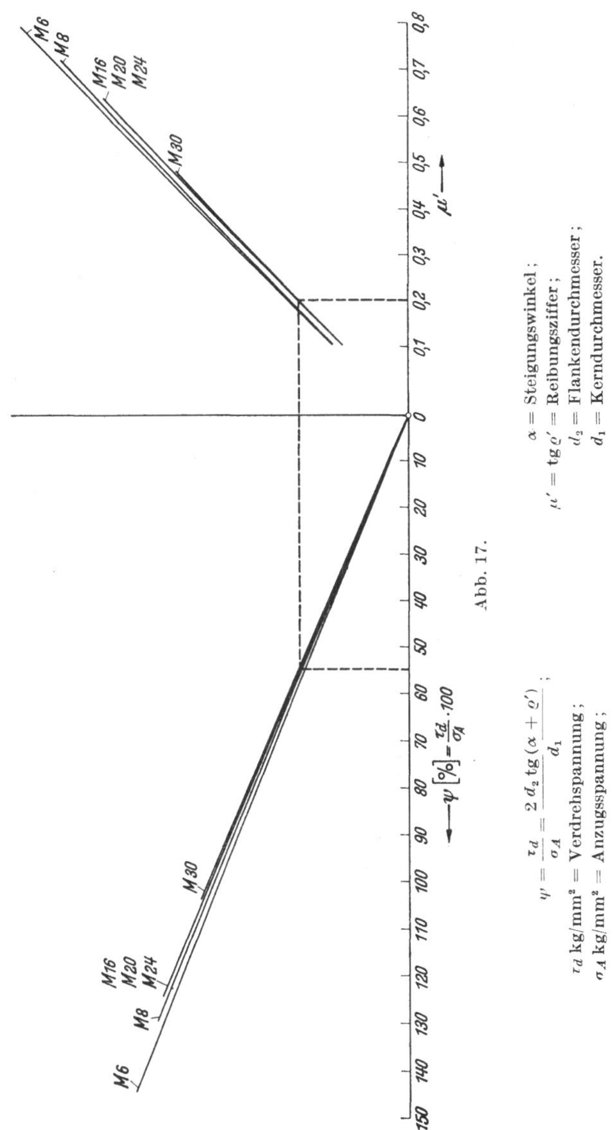

Abb. 17.

Nomogramm Abb. 18: $\sigma_w = \dfrac{0{,}148\,\varphi\,\Delta t\,\lambda}{1+k} + \sigma_A(\varphi-1)$ gibt die Wärmespannung im Kernquerschnitt in Abhängigkeit von der Vor-

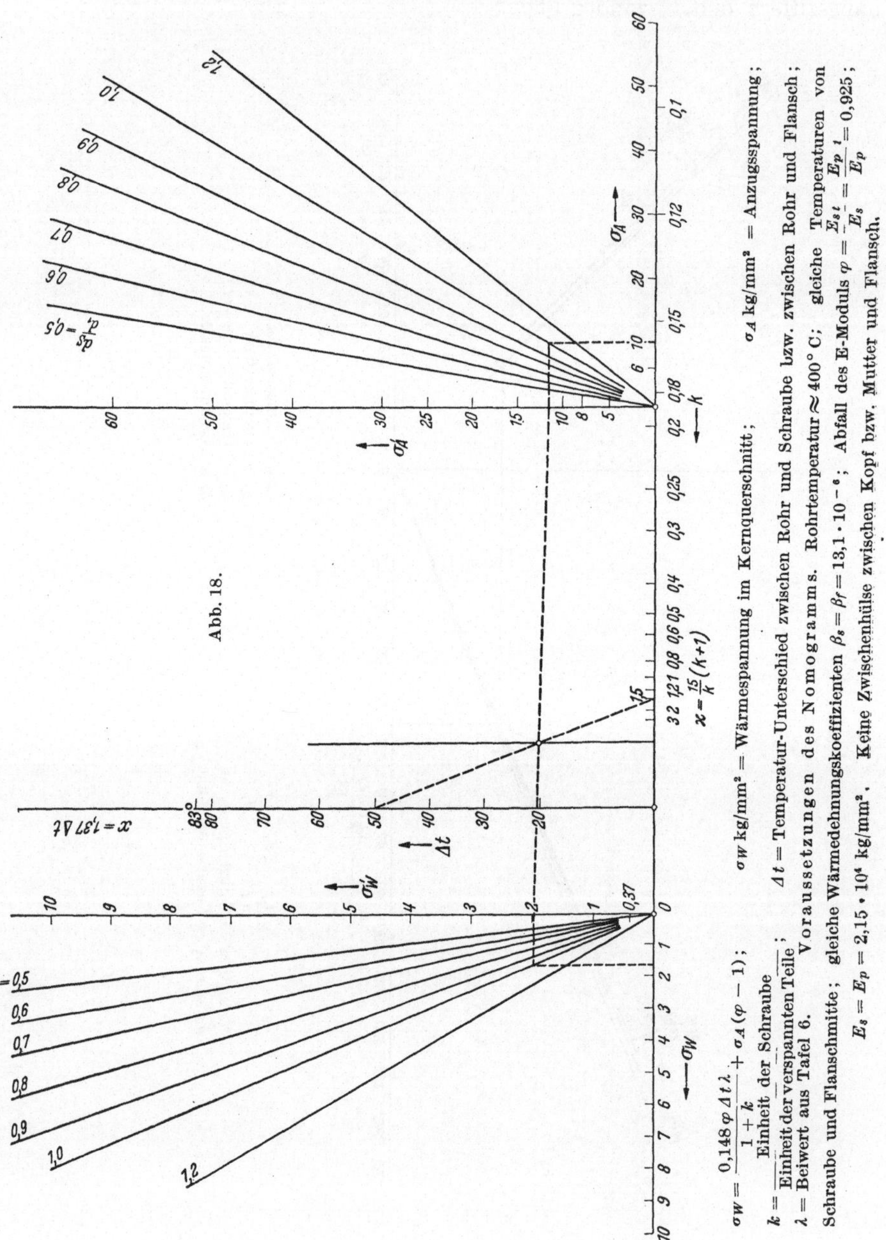

$\sigma_w = \dfrac{0{,}148\,\varphi\,\Delta t\,\lambda}{1+k} + \sigma_A(\varphi-1);$ σ_w kg/mm² = Wärmespannung im Kernquerschnitt; σ_A kg/mm² = Anzugsspannung;

$k = \dfrac{\text{Einheit der Schraube}}{\text{Einheit der verspannten Teile}};$ Δt = Temperatur-Unterschied zwischen Rohr und Schraube bzw. zwischen Rohr und Flansch;

λ = Beiwert aus Tafel 6.   Voraussetzungen des Nomogramms. Rohrtemperatur $\approx 400°\,$C; gleiche Temperaturen von Schraube und Flanschmitte; gleiche Wärmedehnungskoeffizienten $\beta_s = \beta_f = 13{,}1\cdot10^{-6}$; Abfall des E-Moduls $\varphi = \dfrac{E_{st}}{E_s} = \dfrac{E_p{}'}{E_p} = 0{,}925$; $E_s = E_p = 2{,}15\cdot10^4$ kg/mm². Keine Zwischenhülse zwischen Kopf bzw. Mutter und Flansch.

spannung σ_A, Zahl k, des Temperaturunterschiedes Δt und λ. Dieses Nomogramm ist nur unter bestimmten Voraussetzungen gültig.

Nachstehend wird an einigen Berechnungsbeispielen der Rechnungsgang für die drei hauptsächlichsten Beanspruchungsarten gezeigt.

Die Berechnung wird in zwei Teile unterteilt, und zwar

1. Teil: Berechnung mit Hilfe der Tabellen 4 bis 8 (Berechnung des Gewindekernquerschnittes, der Vorspannung, Festlegung des Schaftdurchmessers), Entwurf der Schraubenverbindung. Kontrolle der größten Anstrengungen im Gewinde und im Schaft.

2. Teil: Nachrechnung der tatsächlichen Sicherheit der Schraubenverbindung mit Hilfe der Nomogramme Abb. 14 bis 18.

Berechnungsbeispiele.

I. Zügige Belastung (Abb. 19).

Gefäß mit Wasser unter Druck. $p_1 = 40$ atü, Nenndruck 40 atü. Flansch aus Stahlguß, Ausführung DIN 2545. $Z = 12$ Schrauben.

1. Betriebskraft:

$$P = \frac{\pi}{4} \cdot 200^2 \cdot 0{,}4 \frac{1}{12} = 1042 \text{ kg.}$$

2. Gewählt   Schraubenwerkstoff St 60.11. $\sigma_S = 30$ kg/mm². *Mutterwerkstoff* St 50.11.

3. Berechnen der Höchstlast: P_0 = Bleibende Vorspannung $V' + P$,

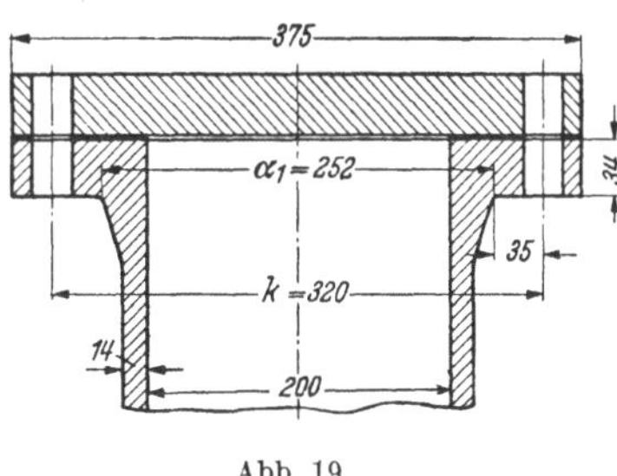

Abb. 19.

$$V' = \frac{\pi/4 \cdot 200^2 \cdot 0{,}4}{12} \cdot k_1 = 1700 \text{ kg.}$$

[Für den 2 fachen Dichtungsdruck des inneren Druckes und $\dfrac{s}{d} = 0{,}05$ $k_1 = 1{,}63$ (B 53).]

$$P_0 = V' + P = 1700 + 1042 = 2750 \text{ kg.}$$

4. Sicherheit gegen bleibende Verformung $S_v = 2{,}5$.

5. Vorläufige Berechnung des Gewindekernquerschnittes

$$f_k = 1{,}3 \frac{2750}{1{,}15 \cdot 30} 2{,}5 = 259 \text{ mm}^2.$$

1,15 wurde als Erhöhung der Streckgrenze im Gewinde angenommen. Gewählt die Schraube M 22; Querschnitt $f_k = 269{,}6$ mm².

6. Gewinde metrisch nach DIN 14. Mutterhöhe normal.

7. *Berechnen der Einheitskräfte* der verspannten Teile und der
Schraube mit vollem Schaft

$$C_p = \frac{2\,E_p\,l_0^3}{c} = \frac{2\,E \cdot 34^3}{c} = 14\,E \,.$$

Für vollen Schaft und $\dfrac{f_k}{l_f} = 3{,}74$; $C_s = 3{,}8\,E$; $k = \dfrac{C_s}{C_p} = 0{,}28$. Für
diesen Fall, wo der obere Teil ein Deckel ist, wird geschätzt: $k = 0{,}2$.

8. *Bestimmung der Vorspannung:* $V = P_0 - P\,\dfrac{k}{1+k}$. Aus Nom.
Abb. 14: $P\,\dfrac{k}{1+k} = 174$ kg.

$V = 2576$ kg, $\sigma_A = 9{,}56$ kg/mm² $\cdot\,\dfrac{\sigma_A}{\sigma_s} = 0{,}32$. Aus Tabelle 5 $\dfrac{\sigma_{\text{red}\,g}}{\sigma_s} = 0{,}42$.

9. *Feststellung des Schaftdurchmessers:* Es sei $d_s = d_1$. Dann Vor-
spannung ein wenig größer $\left(\text{weil nach Tabelle 6 } \dfrac{k}{1+k} \text{ zunimmt}\right)$.

$$\sigma_A = 0{,}35\,\sigma_S = 10{,}5 \text{ kg/mm}^2, \qquad \frac{\sigma_{\text{red}\,g}}{\sigma_S} = 0{,}48\,.$$

10. *Durch Anziehen der Schrauben* mit der Hand nach Tabelle 4
wird die Schraube beansprucht mit 12,2 kg/mm², d. h. $\sigma_A = 0{,}40\,\sigma_S$,
dann aus Tabelle 5 $\sigma_{\text{red}\,g} = 0{,}545\,\sigma_S$ zulässig.

Nachrechnen der tatsächlichen statischen Sicherheit. Gefährlicher ist
hier der Schaftquerschnitt.

$\sigma_A = 10{,}5$ kg/mm². $\qquad$ Für $\mu' = 0{,}2$. $\qquad$ $\tau_d \approx 0{,}50\,\sigma_A = 5{,}25$ kg/mm².

Die Zahl k für $d_s = d_1$ wird aus Tabelle 6

$$k = 0{,}2 \cdot 0{,}73 \approx 0{,}145\,.$$

Zusätzliche Beanspruchung

$$\sigma\,\frac{k}{1+k} = \frac{1042}{269{,}6}\,\frac{k}{1+k}\,.$$

Aus Nom. Abb. 14 $\sigma_Z \approx 0{,}50$ kg/mm².

Biegespannung σ_{B_1} wegen Verformung der verspannten Teile aus Nom.
Abb. 16, wo die Zahl $Q = 0{,}5\,\dfrac{d_1}{2\,l_1} \cdot 1{,}13 = 0{,}145 \cdot \sigma_{B_1} = 0{,}23$ kg/mm².

Größte Biegespannung wegen schiefer Auflage von $5'$, wenn $Q' = 0{,}5$.
Aus Nom. Abb. 16 $\sigma_{B_2} = 3{,}7$ kg/mm²

$$\sigma_{\text{red}\,s} \begin{cases} 10{,}5 + 0{,}50 + 0{,}23 + 3{,}7 = 14{,}94 \approx 15 \text{ kg/mm}^2. \\[4pt] \tau_d \approx 5{,}25 \text{ kg/mm}^2. \end{cases}$$

Also $\sigma_{\text{red}\,s} = \sqrt{15^2 + 3 \cdot 5{,}25^2} = 17{,}5$ kg/mm².

Tatsächliche Sicherheit: $S = \dfrac{30}{17{,}5} \approx 1{,}70\,.$

Für eine ganz saubere Herstellung des Gewindes ($\mu' = 0,1$) und gerade Auflage wird nach Nom. Abb. 17 $\tau_d = 0,32\,\sigma_A = 3,36$ kg/mm².

$\sigma_{\text{red}\,s}$ $\begin{cases} 10,5 + 0,50 + 0,23 = 11,24 \text{ kg/mm}^2. \\ 3,36 \text{ kg/mm}^2. \end{cases}$ Also $\sigma_{\text{red}\,s} = \sqrt{11,24^2 + 3 \cdot 3,36^2} = 12,65$ kg/mm².

Tatsächliche Sicherheit $S = \dfrac{30,0}{12,65} \approx 2,4$.

II. Dauerstandbelastung (Abb. 20).

Hochdruckdampfleitung: Dampfdruck 64 atü, Dampftemperatur 410°. Nenndruck 100 atü

Ausführung des Flansches DIN 2547. $Z = 12$ Schrauben.
Werkstoff: Stahlguß, Rohrtemperatur 400°. $\Delta t = 50°$ Temperaturunterschied zwischen Rohr und Schraube bzw. Rohr und Flanschmitte (s. Nom. Abb. 18).

1. *Feststellen der nötigen Dichtungsdruckkraft pro Schraube:*

$$P' = \frac{\pi/4 \cdot 200^2 \cdot k_1 \cdot 0,64}{12}.$$

[Für 2 fachen Dichtungsdruck des inneren Druckes und $\dfrac{s}{d} = 0,1$, $k_1 = 2,3$ (s. B 53, B 60).]

Abb. 20.

$$P' = 3860 \text{ kg}.$$

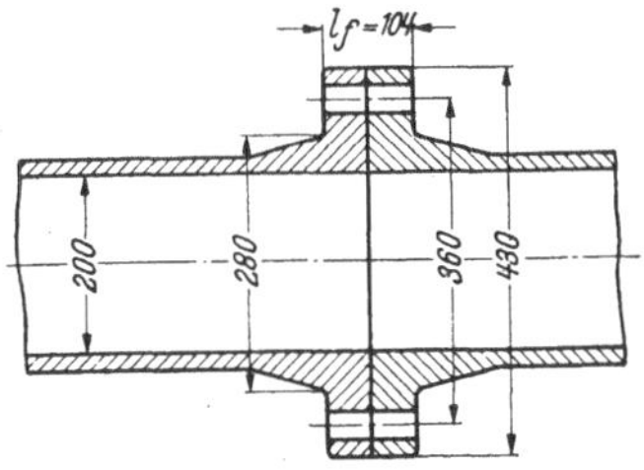

2. *Bestimmen der Vorspannung:* $V = 1,5\,P' = 5800$ kg.

3. *Schraubenwerkstoff:* Cr-Mo-Stahl mit Dauerstandfestigkeit über 400° $\sigma_D = 30$ kg/mm², Streckgrenze bei 20° $\sigma_S = 50$ kg/mm². Mutterwerkstoff: Legierter Stahl mit mindestens $\sigma_B = 60$ kg/mm².

4. *Sicherheit gegen Dauerstandbruch im Gewinde:* $S_k = 2,5$.

5. *Vorläufige Berechnung des Gewindekernquerschnittes:* Zuschlag für die Wärmespannungen 30 bis 50%, also $V_w = 1,4 \cdot 5800 = 8100$ kg. Dauerstandhaltbarkeit im Gewinde sei $\sigma_D^k = 0,8\,\sigma_D$.

$$f_k = \frac{8100 \cdot 2,5}{24} = 845 \text{ mm}^2.$$

Gewählt Schraube M 39, Querschnitt $f_k = 878,5$ mm².

6. *Mutterhöhe* $= 0,8\,d \cdot$ Gewindefeinheit: $\dfrac{39}{4} = 9,8$.

7. *Berechnen der Einheitskräfte* der verspannten Teile und der Schraube mit vollem Schaft: $C_p = \dfrac{2\,E_p \cdot 52^3}{c} = 37\,E$. $C_s = 10\,E$ für vollen Schaft, also $k = 0,27$.

8. *Feststellen des Schaftdurchmessers:* Aus Tabelle 8 ersieht man, daß für $\dfrac{d_s}{d_1} = 0{,}9$ die größten Anstrengungen im Schaft und Gewindekernquerschnitt sich ungefähr wie $\sigma_D^k : \sigma_D$, nämlich wie 92,5 bis 93 : 117 bis 119 verhalten; deshalb wird gewählt $d_s = 0{,}9 \cdot 33{,}44 = 30$ mm.

9. *Vorspannung* $\sigma_A = \dfrac{5800}{878{,}5} = 6{,}6$; $\dfrac{\sigma_A}{\sigma_D} = 0{,}22$; aus Tabelle 5 $\dfrac{\sigma_{\text{red}\,g}}{\sigma_D} = 0{,}44$. Gewählt $\sigma_A = 0{,}20 \cdot \sigma_D = 6$ kg/mm². Mit dem Handdrehmoment aus Tabelle 4 wird die Schraube angezogen mit

$$\sigma_A = 5 \text{ kg/mm}^2, \qquad \frac{\sigma_A}{\sigma_D} = 0{,}167, \qquad \frac{\sigma_{\text{red}\,g}}{\sigma_D} \approx 0{,}38.$$

Die Belastung ist zulässig.

Nachrechnen der tatsächlichen statischen Sicherheit. Gefährlicher ist der Schaftquerschnitt: Die Zahl k aus Tabelle 6: $k = 0{,}27 \cdot 0{,}615 = 0{,}166$. Die Wärmespannung aus Nom. Abb. 18 wird $\sigma_W = 3{,}55$ kg/mm².
$\sigma_A + \sigma_W = 6 + 3{,}55 = 9{,}55$ kg/mm², im Schaft $\sigma' = \dfrac{9{,}55 \cdot 1}{0{,}81} = 11{,}8$ kg/mm².

Biegespannung σ_{B_1} aus Nom. Abb. 15, wenn $Q = 0{,}5 \dfrac{30}{80 \cdot 0{,}752} = 0{,}25$; $\sigma_{B_1} = 0{,}25$ kg/mm².

Größte Biegespannung aus Nom. Abb. 16 für eine schiefe Auflage $\varphi = 5'$ und $Q' \approx 0{,}40$　$\sigma_{B_2} = 3{,}7$ kg/mm².

$$\sigma_{\text{red}\,s}\begin{cases} 11{,}8 + 0{,}25 + 3{,}7 = 15{,}75\,\text{kg/mm}^2 \\[4pt] \tau_{d_s} = \tau_d \dfrac{1}{0{,}9^3} = 4{,}1\,\text{kg/mm}^3 \quad \sigma_{\text{red}\,s} = \sqrt{15{,}75^2 + 3 \cdot 4{,}1^2} \\[6pt] \hphantom{\tau_{d_s} = \tau_d \dfrac{1}{0{,}9^3} = 4{,}1\,\text{kg/mm}^3 \quad \sigma_{\text{red}\,s} = } = 17{,}30\,\text{kg/mm}^2. \end{cases}$$

Tatsächliche Sicherheit $S = \dfrac{30}{17{,}30} = 1{,}73$.

Wenn der Flansch biegungsweicher wäre, dann sei $k = 1{,}5$. Die Wärmespannung aus Nom. Abb. 18 $\sigma_W = 1{,}6$ kg/mm². Die Biegespannung σ_{B_1} aus Nom. Abb. 15. $\sigma_{B_1} = 2{,}25$ kg/mm², $\sigma' = \dfrac{6 + 1{,}6}{0{,}81} = 9{,}4$ kg/mm².

$$\sigma_{\text{red}\,s}\begin{cases} 9{,}4 + 2{,}25 + 3{,}7 = 15{,}35 \text{ kg/mm}^2. \\[4pt] \tau_{d_s} = 4{,}1 \text{ kg/mm}^2 \quad \sigma_{\text{red}\,s} = \sqrt{15{,}35^2 + 3 \cdot 4{,}1^2} = 16{,}9 \text{ kg/mm}^2. \end{cases}$$

Tatsächliche Sicherheit $s = \dfrac{30}{16{,}9} = 1{,}78$.

Bemerkung: Die Biegespannungen σ_{B_1} und σ_{B_2} sind wegen der plastischen Verformungen bedeutend kleiner.

III. Dauerwechselbelastung.

A. Schubstangenkopf eines Kraftwagenmotors (Abb. 21).

Größter Kolbendruck $P = 2160$ kg. Größte Trägheitskraft $P_c = 556$ kg. Werkstoff der Schubstange: StC 45.61.

1. *Schraubenwerkstoff:* St 70.11.   Streckgrenze $\sigma_S = 45$ kg/mm².
Mutterwerkstoff St 50.11. *Geschnittenes Gewinde metrisch* nach DIN 14.

2. *Sicherheit gegen Dauerbruch im Gewinde* $S = 2,5$.

3. *Berechnen des Gewindekernquerschnittes:*
Angenommen die Zahl $k = 0,4$. Die Zugwechselhaltbarkeit der Schraube ± 6 kg/mm²
(B 59). $\dfrac{P_z}{2} = \dfrac{k}{1+k} \cdot \dfrac{P}{2}$, $P = 556$ kg. Aus Nom.
Abb. 14 $\dfrac{P_z}{2} = 79,5$ kg

$$f_k = \frac{79,5 \cdot 2,5}{6} = 33,1 \text{ mm}^2.$$

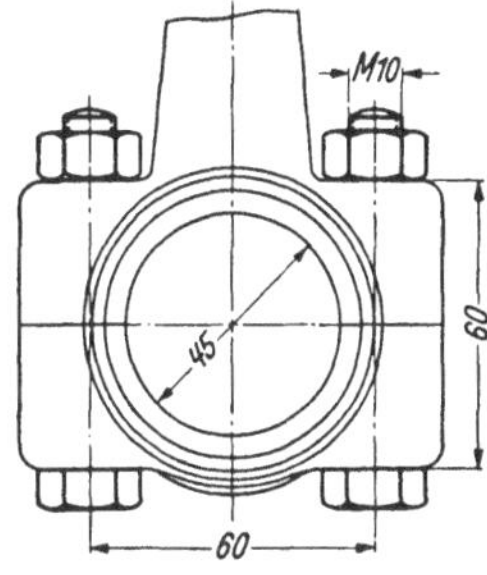

Abb. 21.

Gewählt die Schraube M 10 mit $f_k = 49,2$ mm².

4. *Schätzen der Zahl* $k = 0,4$. (Die Einheitskraft der verspannten Teile ist schwer zu berechnen.)

5. Wahl der Vorspannung: $V > \dfrac{P}{1+k}$. Es sei $V = 1,5 \dfrac{\cdot P}{1+k}$.
$V = 1,5 \dfrac{556}{1,4} = 600$ kg. $\sigma_A = \dfrac{600}{49,2} = 12,2$ kg/mm². $\dfrac{\sigma_A}{\sigma_S} = \dfrac{12,2}{45} = 0,2$.
Aus Tabelle 5 $\dfrac{\sigma_{red\,g}}{\sigma_S} = 0,40$.

Gewählt für die Vorspannung: $\sigma_A = 0,25\,\sigma_S = 11,2$ kg/mm². Dann
$\sigma_{red\,g} = 0,47\,\sigma_S$. Das Handmoment gibt aus Tabelle 4 $\sigma_A = 52,5$ kg/mm².
$\dfrac{\sigma_A}{\sigma_S} = 1,16$, also unzulässig.

6. *Berechnen des Schaftdurchmessers.* Aus Tabelle 8 für $\dfrac{d_s}{d_1} = 0,9$
die Anstrengung im Schaft ist $\sigma_{red\,s} = \dfrac{122}{96} \cdot 0,47\,\sigma_S = 0,58\,\sigma_S$. Für
$\dfrac{d_s}{d_1} = 0,8$ ist die Anstrengung $\sigma_{red\,s} = \dfrac{150}{85} \cdot 0,47\,\sigma_S \cong 0,826$ zu groß.
Gewählt wird $\dfrac{d_s}{d_1} = 0,9 \cdot d_s = 7,12$ mm.

7. *Mutterhöhe normal.*

8. *Nachrechnen der tatsächlichen statischen Sicherheit:* Gefährdet
ist der Schaftquerschnitt. Die Zahl k wird aus Tabelle 6 $k = 0,4 \cdot 0,615 = 0,246$. Zusätzliche Belastung

$$\sigma_z = \sigma\,\frac{k}{1+k}, \qquad \sigma = \frac{556}{49,2} = 11,3 \text{ kg/mm}^2.$$

Aus Nom. Abb. 14 $\sigma_z = 2{,}23$ kg/mm². Im Schaft $\sigma' = \dfrac{11{,}2 + 2{,}23}{0{,}81}$
$= 16{,}6$ kg/mm².

Verdrehspannung $\tau_d = 0{,}5 \cdot \sigma_A = 5{,}6$ kg/mm². Im Schaft

$$\tau_{d_s} = 5{,}6 \frac{1}{(0{,}9)^3} = 7{,}67 \text{ kg/mm}^2.$$

Größte Biegespannung wegen schiefer Auflage von $\varphi = 5'$ aus Nom.
Abb. 16 für $Q' = 0{,}5\,\sigma_{B_2} = 1{,}70$ kg/mm². σ_{B_1} kann man vernachlässigen.

$$\sigma_{\text{red }s}\!\begin{cases} 16{,}6 + 1{,}70 = 18{,}3 \text{ kg/mm}^2. \\[4pt] 7{,}67 \text{ kg/mm}^2 \quad \sigma_{\text{red }s} = \sqrt{18{,}3^2 + 3 \cdot 7{,}67^2} = 22{,}6 \text{ kg/mm}^2. \end{cases}$$

Tatsächliche Sicherheit $S = \dfrac{45}{22{,}6} \approx 2$.

9. *Nachrechnen der Sicherheit gegen Dauerbruch.*
9a) *Im Schaft:* Die Wechselspannung

$$\sigma_{W_s} = \frac{P_z}{2\,f_s} = \frac{2{,}23}{2}\,\frac{1}{0{,}81} = 1{,}38 \text{ kg/mm}^2.$$

Die Nennmittelspannung nimmt man an mit $22{,}6 - 1{,}38 = 21{,}22$ kg/mm².
Bei einer solchen Nennmittelspannung ist die Zugwechselfestigkeit des
Werkstoffes $\sigma_{W_s} \approx \pm 15$ kg/mm². Ist die Kerbwirkungszahl des Überganges mit der kleinsten Rundung $\beta_k = 2{,}5$, dann ist die Zugwechselhaltbarkeit $\sigma_{W_s} = \dfrac{15}{2{,}5} = \pm 6$ kg/mm². Sicherheit $S = \dfrac{6}{1{,}38} = 4{,}35$.

9b) *Im Gewinde:* Die Nennmittelspannung wird nach Tabelle 8

$$\sigma_{n\,m\,g} = \frac{96}{122} \cdot 21{,}22 = 16{,}7 \text{ kg/mm}^2.$$

Für geschnittenes Gewinde kann man als Dauerhaltbarkeit des Gewindes
± 7 kg/mm² annehmen (B 59). Sicherheit $S = \dfrac{7}{2{,}23/2} \approx 6{,}2$.

B. Der Deckel eines Pumpengehäuses (Abb. 22).
Werkstoff: Gußeisen. Innerer Druck $p_1 = 0 \div 5{,}4$ atü.

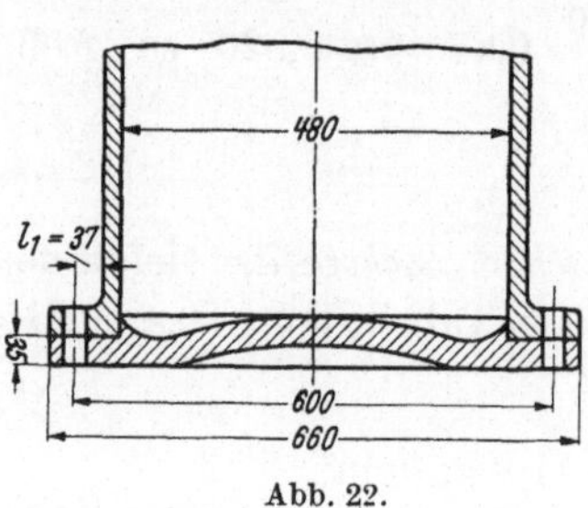

Abb. 22.

1. *Feststellen der Betriebskraft:*

$$P = \frac{\pi}{4} \cdot \frac{480^2 \cdot 0{,}054}{12} = 815 \text{ kg}.$$

2. *Schraubenwerkstoff* St VCN 35
hart mit $\sigma_S = 73$ kg/mm². Mutterwerkstoff St 50.11. Geschnittenes Gewinde, metrisch nach DIN 14.

3. *Sicherheit gegen Dauerbruch im
Gewinde:* $S = 2{,}5$.

4. *Berechnen des Gewindekernquerschnittes:* Angenommen die Zahl $k = 0{,}15\,\dfrac{2{,}15}{0{,}9} = 0{,}358$ ($0{,}9 \cdot 10^4$ ist der Elastizitätsmodul von Gußeisen)

$$\frac{P_z}{2} = \frac{815}{2} \cdot \frac{0{,}358}{1{,}358} = 107 \text{ kg}.$$

Für $\sigma_W^k = \pm 6$ kg/mm². $f_k = \dfrac{107 \cdot 2{,}5}{6} \approx 44{,}6$ mm². Gewählt wird die Schraube M 12 mit $f_k = 72$ mm². (Man wählt eine größere Schraube, weil die nötige statische Kraft für die Erzielung des Dichtungsdruckes im Vergleich mit der wechselnden Betriebskraft grcß ist.)

5. *Berechnen der Einheitskräfte der verspannten Teile und der Schraube mit vollem Schaft:*

$$C_p = \frac{2\,E \cdot l_0^3}{c} \approx 90\,000 \text{ kg/mm}^2. \qquad C_s = \frac{E \cdot 72}{72}\,1{,}13 \approx 23\,700 \text{ kg/mm}^2.$$

$$\frac{C_s}{C_p} = k = 0{,}263.$$

6. *Wahl der Vorspannung:* $V = V' + \dfrac{P}{1+k}$, $V' = \dfrac{\pi}{4} \cdot \dfrac{480^2}{12} \cdot k_1 \cdot 0{,}054.$

[Für 2 fachen Dichtungsdruck des inneren Druckes und $\dfrac{s}{d} = 0{,}05 \cdot k_1 = 1{,}63$ (B 53, B 60).] $V = 1330 + \dfrac{815}{1{,}263} = 1975$ kg, $\sigma_A = \dfrac{1975}{72} = 27{,}4$ kg/mm²,

$\dfrac{\sigma_A}{\sigma_S} = 0{,}376.$ Gewählt eine Vorspannung $\sigma_A = 0{,}35$ bis $0{,}40\ \sigma_S = 25{,}5$ bis 29,2 kg/mm². Aus Tabelle 5 $\dfrac{\sigma_{\text{red}\,y}}{\sigma_S} = 0{,}60$ bis 0,66. Das Handmoment aus Tabelle 4 ergibt:

$$\sigma_A = 39{,}6 \text{ kg/mm}^2. \qquad \frac{\sigma_A}{\sigma_S} = 0{,}54. \qquad \frac{\sigma_{\text{red}\,y}}{\sigma_S} = 0{,}87.$$

Also zu groß.

7. *Berechnen des Schaftdurchmessers:* Aus Tabelle 8 für $\dfrac{d_s}{d_1} = 0{,}9$ wird die Anstrengung im Schaft $\dfrac{122}{96} \cdot 0{,}60$ bis $0{,}66 = 0{,}74$ bis $0{,}81\ \sigma_S.$ Also zu groß. Man wählt besser eine Schraube mit vollem Schaft.

8. *Mutterhöhe normal* $= 0{,}8\ d.$

9. *Nachrechnen der tatsächlichen statischen Sicherheit:* Gefährdet ist hier der Gewindekernquerschnitt ($k = 0{,}263$). $\sigma_A = 27{,}4$ kg/mm². Die Verdrehspannung $\tau_d = 0{,}5 \cdot 27{,}4 = 13{,}7$ kg/mm². $\sigma_z = \sigma\,\dfrac{k}{1+k} \cdot$ $\sigma = \dfrac{815}{72} = 11{,}3$ kg/mm². Aus Nom. Abb. 14 $\sigma_z = 2{,}36$ kg/mm².

Biegespannung σ_{B_1} wegen Verformung der verspannten Teile aus Nom. Abb. 15 für $Q = 0{,}5\,\dfrac{9{,}57}{74} \approx 0{,}065.$ $\sigma_{B_1} = 0{,}47$ kg/mm².

Biegespannung σ_{B_2} für eine schiefe Auflage von $\varphi = 5'$, aus Nom. Abb. 16 am größten $\sigma_{B_2} = 2{,}2$ kg/mm². $\sigma_{B_1} + \sigma_{B_2} = 2{,}69$ kg/mm². Im

Gewindekernquerschnitt bezogen $(\sigma_{B_1} + \sigma_{B_2})_g = \dfrac{2,69}{(1/1,20)^3} \approx 4,6 \ \text{kg/mm}^2$.

$$\sigma_{\text{red}\,g} \begin{cases} \sigma_H = 27,4 + 2,36 + 4,6 = 34,36 \ \text{kg/mm}^2 \,. \\ \tau_d = 13,7 \ \text{kg/mm}^2 \qquad \sigma_{\text{red}\,g} = \sqrt{34,36^2 + 3 \cdot 13,7^2} \approx 41,7 \ \text{kg/mm}^2 \,. \end{cases}$$

Sicherheit $S = \dfrac{73 \cdot 1,15}{41,7} = 2,00$.

10. *Nachrechnen der tatsächlichen Sicherheit gegen Dauerbruch.*

10a) *Im Schaft:* Zugwechselspannung $\sigma_z' = \dfrac{2,36}{2}\,(1,20)^2 = 1,7 \ \text{kg/mm}^2$.

Biegewechselspannung: obere Grenze $\quad \sigma_{B_1 o} = 0,47 \ \text{kg/mm}^2$,

$\qquad\qquad\qquad\qquad\quad$ untere Grenze $\sigma_{B_1 u} = 0,238 \ \text{kg/mm}^2$.

Ausschlag $\sigma' = \dfrac{0,47 - 0,238}{2} = 0,116 \ \text{kg/mm}^2$;

insgesamt $\sigma_{W_s} = 1,7 + 0,116 = 1,816 \ \text{kg/mm}^2$.

Die Nennmittelspannung aus Tabelle 8 ist

$$\sigma_{nms} = 41,7\,\frac{72}{110} \approx 27 \ \text{kg/mm}^2 \,.$$

Bei einer solchen Nennmittelspannung ist die Zugwechselfestigkeit des Werkstoffes $\sigma_{W_z} = \pm 22 \ \text{kg/mm}^2$. Ist die Kerbwirkungszahl des Überganges mit der kleinsten Rundung $\beta_k = 2,5$, dann ist die Zugwechselhaltbarkeit des Schaftes $\sigma_{W_s} = \dfrac{22}{2,5} = 8,8 \ \text{kg/mm}^2$.

Sicherheit: $S = \dfrac{8,8}{1,816} = 4,85$.

10b) *Im Gewinde:* Die Nennmittelspannung ist $\sigma_{nm} \approx 41,7 \ \text{kg/mm}^2$. Für geschnittenes Gewinde mit ziemlich schlechter Oberfläche sei die Dauerhaltbarkeit $\sigma_W^k = \pm 6 \ \text{kg/mm}^2$.

Sicherheit: $S = \dfrac{6}{2,36/2} \approx 5$.

C. Kennzeichnung.

I. Notwendigkeit der Kurzbezeichnung und der Kennzeichnung.

a) Die Massenteile und Elemente, die in der Fertigung der Industrie vorkommen, müssen eingeteilt und gruppiert werden. Jeder Fabrikbetrieb ordnet seine Abteilungen, Erzeugnisse und Materialien nach einem besonderen Verfahren. Bei der Einteilung sind ebenso wie bei der geschriebenen Sprache mit Rücksicht auf Ausdruck und Kürze besondere Kurzbezeichnungen notwendig. Sie können als Abkürzungen für die Eigenschaften einer Gruppe betrachtet werden.

Zweck der Kurzzeichen ist:

1. einen bestimmten Gegenstand eindeutig zu bezeichnen,

2. kurze Bezeichnungen beim Ausschreiben von Bestellungen, Berichten, Urkunden usw. zu erzielen: Buchstaben oder Zahlen oder Buchstaben und Zahlen, z. B. C A oder 10-70 oder G 8.

Ein Nachteil der Kurzbezeichnung ist die Unverständlichkeit der Kurzschrift für jeden Außenstehenden, der keine Kenntnis von dem Inhalt hat.

Zu den Kurzbezeichnungen müssen häufig Kennzeichnungen an den Gegenständen selbst oder an ihren Packungen treten, nämlich dann, wenn sie nicht mit der im Verkehr nötigen Sicherheit von anderen unterschieden werden können. Die Kennzeichen können mit den Bezeichnungen identisch sein und ebenfalls in Zahlen oder Buchstaben bestehen oder in anderen sichtbaren oder fühlbaren Zeichen, wie Farben, Strichen, Punkten, Vertiefungen, Erhöhungen.

b) Sowohl die Kurzbezeichnung, die im allgemeinen wünschenswert und notwendig erscheint, wie auch die Kennzeichnung, erhält besondere Bedeutung auf dem Gebiet der Schrauben und Muttern.

Schrauben und Muttern sind von folgenden Elementen bestimmt, die in einem Betrieb von Fall zu Fall entschieden sein können:

1. Geometrische Form (Normblatt, Zeichnungsnummer),
2. Abmessungen und Gewindearten,
3. Werkstoffe,
4. Maßgenauigkeit und Oberflächengüte,
5. Herstellungsverfahren, Aussehen. .

Die Vielseitigkeit dieser Elemente, insbesondere der Gruppen 3 bis 5, gibt im Betrieb leicht Anlaß zu Verwechslungen. Unvollständigkeit der Beschreibung im Schriftverkehr kann zu unbequemen und störenden Irrtümern beim Einkauf, beim Lagern, im Betrieb und selbst beim Verkauf führen.

Mangelnde Kennzeichnung kann zu falschem Einlagern und Entnehmen bei jeder Lagerung führen, also beim *Erzeuger* in der Werkstatt, im Lager, im Packraum, beim *Händler* im Eingangspackraum, im Lager, im Ausgangspackraum, beim *Einbauer* im Eingangspackraum, im Zwischenlager und in der Werkstatt, beim *Instandsetzen* in der Werkstatt: das sind fürwahr so viele Gefahrpunkte, daß nicht genug für eine gute Kennzeichnung getan werden kann. Sowohl falsche Bezeichnung wie schlechte Kennzeichnung können dazu führen, daß eine gewöhnliche Schraube an Stelle einer hochwertigen, d. h. einer solchen mit hohen mechanischen Eigenschaften eingesetzt wird. Dadurch kann leicht großer Schaden entstehen. Ein charakteristisches Beispiel für die Gefahr solcher Verwechslungen ist auch ein früherer Erlaß der deutschen Dampfkesselrevisionsvereine, welcher aus Sicherheitsgründen

beim Dampfkesselbau die Verwendung hochwertiger Schrauben ver-
bietet. Die Kennzeichnung der Schrauben und Muttern erscheint um
so notwendiger, je weiter die Normung fortschreitet und je wertvoller
die jeweiligen Schrauben- und Muttersorten sind.

II. Vorschläge zur Kennzeichnung der Schrauben und Muttern.

a) Die zunehmende Verwendung von Qualitätsschrauben in den
letzten Jahren gab wegen der Gefahr der Verwechslung Anlaß zu verschiedenen Vorschlägen zur Kennzeichnung der Schrauben und Muttern.
Die Firma Bauer & Schaurte stellt zum ersten Male im Jahre 1928 in
der Automobilausstellung in Berlin Markenschrauben, d. h. hochwertige
Schrauben mit einem Bürgschaftszeichen auf dem Kopf (DURBUS, VER-
BUS, 1335-BUS usw.) aus.

DIN-Vornorm Kr.-550 (1936) enthält Kurzzeichen für die Festig-
keitseigenschaften von Schrauben und Muttern. DIN 267 (1940)
(Technische Lieferbedingungen für Schrauben und Muttern) bestätigt
dies endgültig und erweitert die Kurzbezeichnung der Schrauben und
Muttern für den allgemeinen regelmäßigen Bedarf. Z. B. setzt sich nach
DIN 267 die Bezeichnung einer Sechskantschraube wie folgt zusammen:

$$\text{Sechskantschraube } M\,12 \times 50 \quad\quad DIN\,931 \quad\quad m \quad\quad 6\,E$$

1. Schraubenart und Ab-
   messungen ←
2. Maße und Form nach DIN 931 ←
3. Oberflächenbeschaffenheit und Maßgenauigkeit mittel ←
4. Stahl mit 60 kg/mm² Zugfestigkeit, 60% Streckgrenzenverhältnis, 18% Dehnung ←

Der Inhalt von 1 ist äußerlich wahrzunehmen; am schwersten
wahrzunehmen ist dabei das Gewindeprofil (metrisch 60° oder Whit-
worth 55°) und ist daher an den Schrauben zu kennzeichnen (nichts
bei den sich mehr und mehr verbreitenden metrischen Schrauben und
Muttern, w bei den sich mehr und mehr ausscheidenden Whitworth-
Schrauben und Muttern; s. Tabelle 10, Teil B, Spalte 2).
Der Inhalt von 2 ist auch äußerlich wahrzunehmen, soweit es sich
um die Unterscheidung von anderen nichtgenormten Sechskantschrauben
handelt. Der Inhalt von 3 für Schrauben und Muttern des allgemeinen
Bedarfes ist äußerlich wahrzunehmen, weil nach DIN 267 solche
Schrauben und Muttern nur in zwei Klassen „mittel" und „grob" aus-
geführt sind, und diese beiden Klassen kann man leicht vom Aussehen
unterscheiden. Der Inhalt von 4 ist äußerlich nicht an der Schraube
wahrzunehmen und ist daher besonders zu kennzeichnen. Das Kenn-

zeichen 6 E z. B. kann zusammen mit dem Herkunftskurzzeichen auf dem Kopf der Schraube angebracht werden. Sonderanforderungen sind jeweils besonders zu kennzeichnen. Schrauben und Muttern mit Sonderanforderungen finden immer größere Verbreitung in der Praxis, und so wird es notwendig, diese durch geeignete Bestellzeichen eindeutig zu bezeichnen und entsprechend zu kennzeichnen.

Tabelle 10 enthält einen Vorschlag für die Kennzeichnung der gesamten genormten Schrauben und Muttern, und zwar

    1. für den allgemeinen regelmäßigen Bedarf,

    2. für Sonderanforderungen an die Ausführung.

Die Tabelle ist in zwei Teile gegliedert. Teil A befaßt sich mit der Bezeichnung auf Zetteln und Vordrucken bei der Bestellung der Schrauben und Muttern, Teil B mit der Kennzeichnung der fertigen Schrauben und Muttern.

Als Kennzeichenmittel wurden Schrift und Form angewandt. Farbe kommt im allgemeinen wegen der verschiedenen Oberflächenbehandlungen der Schrauben und Muttern nicht in Frage.

Teil A: Im Fall 1, allgemeiner Bedarf, sind die Schrauben und Muttern genau wie in DIN 267 bezeichnet, z. B. Sechskantschraube bl. M 12 × 50 DIN 931 m 5 D.

Im Fall 2, Sonderanforderungen, wird die Bezeichnung folgendermaßen vorgenommen:

a) Das Bestellzeichen für den Werkstoff setzt sich zusammen aus den Kurzzeichen 5 D, 8 G ... usw. für die mechanischen Eigenschaften nach DIN 267 und die kleinen Buchstaben (k), (t), (d) in Klammern (s. Spalte 4).

Hierin bedeutet:

(k) = korrosionsfester Stahl,

(t) = warmfester Stahl,

(d) = dauerfester Stahl.

Z. B. 8 G (d) bedeutet einen Stahl mit 80 kg/mm^2 Mindestzugfestigkeit, 80% Streckgrenzenverhältnis, 12% Dehnung und guten Dauerfestigkeitseigenschaften.

b) Die Bestellzeichen für Maßgenauigkeit und Oberflächenbeschaffenheit sind im allgemeinen durch die Buchstaben m (mittel), g (grob), f (fein) angedeutet. Für den Sonderfall einer verschiedenen Ausführung an Maßgenauigkeit und Oberflächengüte besteht das Bestellzeichen aus zwei Buchstaben; der erste bezeichnet die Maßgenauigkeit, der zweite die Oberflächengüte (s. Spalte 3), z. B. g m = Schraube mit Maßgenauigkeit grob und Oberflächengüte m nach DIN 267.

c) Die Herstellungsverfahren sind bei der Bestellung in Sonderfällen am Ende des Bestellzeichens durch Vollworte hinzuzufügen (s. Spalte 5).

d) Das Aussehen wird wie in DIN 267 bezeichnet (s. Spalte 1).

Beispiel:

Sechskant-schraube M 12 × 50 DIN 931	Maßgenauigkeit mittel Oberflächen-beschaffenheit grob	Werkstoff		Korro-sions-fest	Herstellungs-verfahren gewalzt
		Stahl mit 50 kg/mm² Zugfestigkeit, 55% Streckgrenzen-verhältnis, 22% Dehnung			
M 12 × 50 DIN 931	mg	5 D		(k)	gewalzt

Teil B: Kennzeichen müssen im allgemeinen sichtbar sein, und zwar auch, wenn sich die Schrauben und Muttern in ihrer Einbaustelle befinden, z. B. auf dem Kopf bei Kopfschrauben oder auf der Kuppe des Mutterendes bei Stiftschrauben usw. Elemente, die mit dem Auge unterscheidbar sind, brauchen nicht besonders gekennzeichnet werden, z. B. Feingewinde, Übermaß am Einschraubenende von Stiftschrauben usw.

Schrauben und Muttern mit Whitworth-Gewinde werden zur Unterscheidung vom metrischen Gewinde mit einem kleinen w gekennzeichnet (s. Spalte 2 im Fall 1).

Im Fall 1, allgemeiner Bedarf, sind mechanische Eigenschaften der Schrauben und Muttern wie im DIN 267 mit den Kurzzeichen 6 E, 8 G, 10 K usw. zu kennzeichnen (s. Spalte 1).

Im Fall 2, Sonderanforderungen, wird die Kennzeichnung folgendermaßen vorgenommen:

a) Sonderanforderungen an den Werkstoff (Warmfestigkeit, Dauerfestigkeit usw.) können durch die Form gekennzeichnet werden, z. B. eine Vertiefung, eine Rille, ein Kragen usw. Die Kennzeichen 6 E, 8 G usw. für die mechanischen Eigenschaften sind wieder anzubringen (s. Spalte 1).

b) Das Kennzeichen für die Klasse Oberfläche und Maßgenauigkeit fein besteht aus einem Doppel-f (ff). Die Klassen mittel und grob brauchen nicht gekennzeichnet werden. Für den Sonderfall einer verschiedenen·Ausführung von Maßgenauigkeit und Oberflächengüte wird nur die Maßgenauigkeit mit den kleinen Buchstaben m, g, f gekennzeichnet (s. Spalte 3).

c) Herstellungsverfahren sind nur in außergewöhnlichen Fällen zu kennzeichnen, meistens nur diejenigen, die bedeutenden Einfluß auf die Festigkeitseigenschaften der Schraube haben, z. B.

⊕ = Sinnzeichen für gewalzte Schrauben,

◯ = Sinnzeichen für nachgedrückte Schrauben (s. Spalte 4).

Hat man wenig Platz für alle diese Kennzeichen, so müssen die wichtigsten davon (z. B. für mechanische Eigenschaften) angebracht werden, und zwar an einer Stelle, die auch nach dem Einbau sichtbar sein muß.

III. Einwirkung der Bezeichnung der Muttern und Schrauben.

1. Schriftverkehr. Die jeweils in den Maßnormblättern anzuwenden Bezeichnungen sind mit den Kurzzeichen für die Ausführung vollständig und bestimmen die Schrauben und Muttern kurz, eindeutig und erschöpfend. Die dadurch erzielbaren Vorteile im Schriftverkehr sind bedeutend:

Zeitersparnis, Vermeidung von Unvollständigkeiten bei der Beschreibung, Sortiermöglichkeit bei Karteigebrauch usw. Zusammenstellende Zeichnungen und Stücklisten enthalten in dieser kurzen Form Angaben über Form, Abmessungen und Ausführung der Schrauben und Muttern. Eine Auftragsstückliste in einem Schraubenwerk wird natürlich im Konstruktionsbüro auch mit dem entsprechenden Ausgangswerkstoff ergänzt. Die Zettel und Vordrucke des Einkaufs- und Lagerwesens (z. B. Bestellscheine, Versandscheine, Entnahmescheine, Lagerkarten usw.) tragen ebenfalls am Kopf die erwähnten Bezeichnungen für Schrauben und Muttern.

Gleiches gilt für die Lagerhauptkarten in der Lagerverwaltung. Bei vielen Schrauben und Muttersorten lohnt es sich, Zeile 2 (Abb. 23) für die Schraubenangaben besonders auszugestalten, so daß sofort jeder neue Lagerarbeiter lernt, was die einzelnen Angaben bedeuten und daher mit mehr Verständnis arbeitet. Außerdem erleichtert dieser Zusatz die Einordnung der Karten nach den Buchstaben und Zahlen z. B. in der Reihenfolge: Schraubenart, Abmessungen, Normblatt-Nr., Toleranzen- und Oberflächenklassen, Stoffgruppe.

Daraus ergibt sich in Abb. 23 der Vordruck einer Lagerfachkarte.

Schraubenart	Aussehen	Durchmesser × Länge	Norm-gestalt	Toleranz und Oberfläche	Stoffgruppe
Stiftschraube	bl.	M 20 × 45	DIN 938	m	5 D
Mindestbestand		Einheit		Ständer-Nr.	Fach-Nr.
Tag	Beleg	Zugang	Abgang	Bestand	Unterschrift	geprüft

Abb. 23.

2. Stoffbewegung. Im Rohstofflager eines Schraubenwerkes müssen zur Vermeidung von Verwechslungen die Werkstoffstangen gekennzeichnet werden. Als Kennzeichenmittel wird in diesem Fall

die Farbe empfohlen. Die Stangen werden in ihrer ganzen Länge durch zwei Farbstriche gekennzeichnet. Tabelle 9 zeigt einen solchen Vorschlag.

Tabelle 9.

Werkstoffstangen nach mechanischen Eigenschaften	Farbe	Werkstoffstangen nach mechanischen Eigenschaften	Farbe
4 A	ohne	6 E	gelb-grün
4 D	veil	6 S	gelb
4 P	rot	8 E	weiß-grün
5 D	grün-veil	8 G	weiß-gelb
5 S	grün	10 K	blau-blau
6 D	gelb-veil	12 K	rot-blau

In der *Fertigung* bemüht man sich, jede Verwechslung auszuschließen. Nach der Fertigstellung des Kopfes wird das Kennzeichen für die mechanischen Eigenschaften aufgedrückt und sofort auch die eigentlich erst nach der Gewindeherstellung nötigen Kennzeichen.

Bei einem *Schraubenlager* sind die Vorteile der Kennzeichnung bedeutend. Viele Beispiele aus der Praxis haben gezeigt, daß ohne Kennzeichen Verwechslungen an Schrauben und Muttern fast unvermeidlich sind. Die Lagerhaltung wird einfacher und übersichtlicher. Durch Kennzeichnung der Schrauben kann man auch gleichzeitig den Lagerplatz bestimmen. In Abb. 24 z. B. sind die Regalsäulen eines Regals mit den Kurzzeichen für die mechanischen Eigenschaften beschriftet. Die Gefachreihen sind mit den Nenndurchmessern bezeichnet. Während der *Revision* prüft der Revisor das richtige Einsetzen der Schrauben. Ohne Kennzeichnung wäre diese Arbeit nicht durchführbar. Die wichtigsten Kennzeichen müssen an der Einbaustelle der Schrauben sichtbar sein. Bei den Packungen können die Farben Tabelle 9 ebenfalls als Klebezettel benutzt werden, man sieht dann mit einem Blick, ob eine größere Menge Pakete einer bestimmten Stoffgruppe entspricht, was hinsichtlich Zuverlässigkeit der Schraube die wichtigste Eigenschaft ist.

	5 D	6 S	8 G	10 k	12 K
M 6					
M 8					
M 10					
M 16					
M 20					

Abb. 24.

Tabelle 10.　A. Bezeichnung für Schrauben und Muttern bei schriftlichen Aufgaben.

		Aussehen	Gewindeart	Oberfläche Maßgenauigkeit	Mechanische Eigenschaften Werkstoff	Herstellungs- verfahren
		1	2	3	4	5
Allgemeiner Bedarf	Schrauben	s. DIN 267 z. B. bl. = allseitig metallisch blank usw.	z. B. M 10 = Metrisches Gewinde. Nenndurchmesser 10	s. DIN 267 g = Klasse grob m = Klasse mittel	s. DIN 267 Kurzzeichen: 4 A, 5 D, 6 E, 8 G . . . z. B. 8 G = 80 kg/mm^2 Mindest- zugfestigkeit 80% Streckgrenzen- verhältnis 12% Dehnung	—
	Muttern	s. o.	Sechskantmutter 1″ DIN 554 = Whitworth-Gewinde 1″ Nenndurchmesser W 72 × $^1/_4$″ = Whitworth- Feingewinde 72 mm Nenn- durchmesser $^1/_4$″ Steigung			—
Sonderanforderungen	Schrauben	s. o.	s. o.	f = Maßgenauig- keit und Oberfläche fein z. B. gm = Maßgenauig- keit grob, Oberflächen- güte m nach DIN 267	Kurzzeichen: z. B.　8 G (k) 8 G (t) 8 G (d) (k) = korrosionsfester Stahl (t) = warmfester Stahl (d) = dauerfester Stahl usw.	Vollworte am Ende der Bezeichnung: geschnitten gefräst gewalzt geschliffen nachgedrückt
	Muttern	s. o.	s. o.			

Tabelle 10. B. Kennzeichnung von Schrauben und Muttern.

		Mechanische Eigenschaften Werkstoff	Gewindeart	Oberfläche Maßgenauigkeit	Herstellungsverfahren
		1	2	3	4
Allgemeiner Bedarf	Schrauben	s. DIN 267 Stiftschraube Kopfschraube	w: Whitworth- Gewinde. Auf der Kopf- bzw. Schlüsselfläche anzubringen.	—	—
	Muttern	Mutter 6 S		—	—
Sonderanforderungen	Schrauben	Kennzeichnung durch die Form in Verbindung mit den Kurzzeichen 8 G 10 K usw. von DIN 267 [Vertiefung, Rille usw.]	s. o.	ff = Oberfläche, Maßgenauigkeit fein f = Maßgenauigkeit fein m = Maßgenauigkeit mittel g = Maßgenauigkeit grob	Nur in Sonderfällen kennzeichnen ⊕ = Walzen ◯ = Nachdrücken des Gewindes
	Muttern		s. o.		

D. Zusammenbau.

Allgemeines.

Wie im Teil B (Berechnung) schon ausführlich dargelegt, bildet die Vorspannung, die im Zusammenbau einzusetzen ist, den Hauptteil der Belastung der Schraubenverbindung. Die vom Konstrukteur vorgeschriebenen Grenzen der Vorspannung muß der Betriebsmann bei der Montage einhalten, da außer den im Teil B erwähnten Fällen die Vorspannung einer Schraubenverbindung eine bestimmte Grenze bzw. eine größere Abweichung von einem gegebenen Maß nicht überschreiten darf.

Beispiele:

a) Einstellschrauben im Werkzeugmaschinenbau. Beim Überschreiten der zulässigen Vorspannung treten unzulässige Durchbiegungen und Verformungen auf (Verbindungsschrauben von Gestellelementen, Spindelstock und Bett einer Drehbank, Reitstock).

b) Maschinenteile, an denen die Vorspannung der Schraube eine bestimmte Querkraft erzeugt oder eine stärkere Reibungskraft hervorruft (Keile, Kupplungen, Rutschkupplung an Schwungscheiben von Reibspindelpressen usw.).

c) Stiftschrauben, welche eine gleichmäßige Längsverspannung im Gehäuse verlangen (z. B. Flugmotorenzylinder usw.).

Nun erhebt sich die Frage, mit welcher Genauigkeit eine bestimmte Vorspannung im Zusammenbau erzeugt werden kann und wie groß die dabei auftretende Streuung ist. Die Schrauben werden meist durch das Ausüben eines Drehmomentes am Kopf bzw. an der Mutter angezogen und damit vorgespannt. Nur selten wird die Vorspannung durch vorherige Erwärmung hervorgerufen. Das zur Erreichung der Vorspannung nötige Anzugsmoment kann man ausüben

1. *mit der Hand* unter Zuhilfenahme eines Schraubenschlüssels (nach dem Gefühl des betreffenden Arbeiters);

2. *durch Meßschlüssel,* d. h. Schlüssel, die das ausgeübte Moment messen;

3. *durch Grenzkraftschlüssel und kleine Werkzeugmaschinen.* Diese begrenzen das Anzugsmoment nach oben und sind für verschiedene Momente einstellbar.

Durch die bisher vorliegenden Untersuchungen (D 2, D 5, B 30) wurde festgestellt, daß je nach den Reibungsverhältnissen bei gleichem Anzugsmoment mit einer größeren bzw. kleineren Streuung der Vorspannung gerechnet werden muß. Berücksichtigt man, daß auch das Anzugsmoment meist veränderlich ist, so ist ohne weiteres verständlich, daß die gewünschte Vorspannung stark streuen wird. Die Messung der elastischen Dehnung der Schraube und Ermittlung der Vorspannung aus Dehnung und Federkonstante ergibt zwar recht genaue Werte für die Vorspannung. Diese meist zeitraubenden Messungen der Schraubenlängung lassen sich aber nicht immer durchführen. Die beste Möglichkeit, im Betrieb die vorgeschriebene Vorspannkraft annähernd zu erreichen, ist das Einhalten eines bestimmten Anzugsmomentes.

In den nachstehenden Ausführungen dieser Arbeit werden folgende Fragen näher behandelt:

1. Abhängigkeit von Längskraft und Anzugsmoment,

2a) das Anziehen der Schrauben mit der Hand,

  b) Werkzeuge und Vorrichtungen zum Anziehen der Schrauben.

I. Längskraft und Anzugsmoment.

Das auf die Mutter bzw. den Schraubenkopf ausgeübte Moment M_A überwindet das Gewindeanzugsmoment M_{GA} und das Auflagereibmoment $M_R \cdot M_A = M_{GA} + M_R$. Das Gewindeanzugsmoment erzeugt die Längskraft und ruft gleichzeitig durch die Gewindereibung eine Verdrehbeanspruchung im Schraubenbolzen hervor. Aus den Kraftverhältnissen an der schiefen Ebene bestimmt sich der Zusammenhang zwischen Längskraft V und Anzugsmoment M_{GA} leicht

$$M_{GA} = V \frac{d_2}{2} \frac{\operatorname{tg}\alpha + \mu'}{1 - \operatorname{tg}\alpha\,\mu'}.$$

Das Gewindemoment für das Lösen der Schraube ergibt sich entsprechend

$$M_{GL} = V \frac{d_2}{2} \frac{-\operatorname{tg}\alpha + \mu'}{1 + \operatorname{tg}\alpha\,\mu'}.$$

Bei einem Reibungswinkel ϱ', $\mu' = \operatorname{tg}\varrho'$ wird

$$M_{GA} = V \frac{d_2}{2} \operatorname{tg}(\alpha + \varrho'),$$

$$M_{GL} = V \frac{d_2}{2} \operatorname{tg}(\varrho' - \alpha).$$

Im Nomogramm Abb. 17 ist das Verhältnis $\dfrac{\tau_d}{\sigma_A} = \dfrac{\text{Verdrehspannung}}{\text{Anzugsspannung}}$ in Abhängigkeit von verschiedenen Reibungswerten und Gewindegrößen angegeben. Als Gewindereibungswert kann man 0,2 und als Auflagereibmoment $M_{GR} = \frac{1}{3} M_A$ in den meisten praktischen Fällen annehmen. Das gesamte Anzugsmoment wird dann

$$M_A = \frac{3}{2} V \frac{d_2}{2} (\operatorname{tg}\alpha + \varrho').$$

Wegen der Verdrehspannung erniedrigt sich die Streckgrenze der Schraube um etwa 25% der Zugstreckgrenze. Die Anzugsmomente der

Schrauben an der Zugstreckgrenze schwanken für ein und denselben Werkstoff je nach der Streuung der Verdrehspannung. Der Verlauf der Linie Anzugsmoment—Vorspannung ist im elastischen Gebiet linear (was auch durch die Formel ausgedrückt wird). Das Verhältnis zwischen Anzugsmoment und Längskraft ändert sich, wie aus früheren Versuchen hervorgeht, auch beim mehrmaligen Anziehen und Lösen. So wurde festgestellt (D 3), daß bei $^5/_8''$-Schrauben aus St 38.13 nach 30 maligem Anziehen und Lösen bei gleichbleibendem Anzugsmoment die Längskraft über 30% abnahm. (Bei diesen Versuchen nahm die Rauhigkeit der Flanken nach mehrmaligem Anziehen und Lösen zu.) Bevor eine Schraube beim Anziehen durch eine Längskraft beansprucht wird, ist ein Anfangsdrehmoment erforderlich, das durch das Anpassen der Gewindegänge verursacht wird. Dieses Anfangsdrehmoment streut für Schrauben derselben Sorte ziemlich stark.

Tabelle 11. Schraubenbolzen für Anzugversuche.

(N = Normalbedingungen.)

	N			N			N			N				N		
Schraubengröße:																
M 16	□			□	□	□	□	□	□	□	□	□	□	□	□	□
M 12		□														
M 20			□													
Werkstoffe:																
4 A				□												
8 G	□	□	□		□		□	□	□	□	□	□	□	□	□	□
10 K						□										
Gewindeart:																
metrisch	□	□	□	□	□	□	□			□	□	□	□	□	□	□
withworth								□								
metrisch-fein									□							
Gewindetoleranz:																
mittel	□	□	□	□	□	□	□	□	□	□	□	□	□	□	□	□
Herstellungsverfahren:																
schneiden	□	□	□	□	□	□	□	□	□	□				□	□	□
rollen											□					
schleifen												□				
fräsen													□			
Oberflächengüte:																
I														□		
II	□	□	□	□	□	□	□	□	□	□	□	□	□		□	
III																□

Aus unseren bisherigen Erkenntnissen ergibt sich, daß der Reibungswert beträchtlich streut. Er wird von der Schmierung, Werkstoffen, Gewindetoleranzen, Oberflächengüte und evtl. von verschiedenen anderen Faktoren beeinflußt. So fand THUM (B 30) bei Stahlschrauben von $^5/_8''$ für dasselbe Anzugsmoment eine Streuung der Vorspannung 47 bzw. 35% um den Mittelwert. Den gleichen Einfluß üben vielleicht die eben genannten Faktoren auf die Drehgrenze und das Anfangsdrehmoment aus. Um sichere Unterlagen über den Reibungswert dem Konstrukteur und Betriebsmann zu geben, sind die in den Tabellen 11 und 12

Tabelle 12. Muttern für Anzugversuche.
(N = Normalbedingungen.)

	N			N			N		N			N		
Werkstoffe:														
4 A		□												
6 S	□			□	□	□	□	□	□	□	□	□	□	□
8 G			□											
Gewindeart:														
metrisch	□	□	□	□			□	□	□	□	□	□	□	□
withworth					□									
metrisch-fein						□								
Gewindetoleranz:														
mittel	□	□	□	□	□	□	□	□	□	□	□	□	□	□
Herstellungsverfahren:														
Gewindebohrer	□	□	□	□	□	□	□		□	□	□	□	□	□
Einstahlmutter								□						
Oberflächengüte:														
I									□					
II	□	□	□	□	□	□	□	□		□		□	□	□
III											□			
Mutterhöhe:														
0,6 d												□		
0,8 d	□	□	□	□	□	□	□	□	□	□	□		□	
1 d														□

zusammengefaßten Versuchsreihen durchgeführt. Die in Tabelle 11 aufgezählten Versuche umfaßten Bolzen verschiedener Gewindegröße, Werkstoffe, Gewindearten, Herstellungsverfahren und Oberflächengüte mit derselben Mutter.

Nach Tabelle 12 wurden Muttern untersucht, die verschiedene Werkstoffe, Gewindearten, Herstellungsverfahren und Mutterhöhen bei gleichen Bolzen besaßen:

Gruppe A Schraubenbolzen (Tabelle 13),
Gruppe B Muttern (Tabelle 14).

Tabelle 13. Schraubenbolzen.

Nr.	Gewinde	Werkstoff	Herstellverfahren	Toleranz	Oberfläche	Anzahl
B 1	M 16	8 G	schneiden	mittel	II	6
B 2	,,	4 A	,,	,,	II	5
B 3	,,	10 K	,,	,,	II	5
B 4	$^5/_8{}''$	8 G	,,	,,	II	5
B 5	M 16 $\times$ 1,5	8 G	,,	,,	II	5
B 6	M 16	8 G	rollen	,,	II	5
B 7	M 16	8 G	schleifen	,,	II	5
B 8	M 16	8 G	fräsen	,,	II	5
B 9	M 16	8 G	schneiden	,,	I	5
B 10	M 16	8 G	,,	,,	III	5
B 11	M 12	8 G	,,	,,	II	5
B 12	M 20	8 G	,,	,,	II	5

Tabelle 14. Muttern.

Nr.	Gewinde	Werkstoff	Herstellverfahren	Toleranz	Oberfläche	Mutterhöhe	Anzahl
M 1	M 16	6 S	Gewindebohrer	mittel	II	0,8 d	6
M 2	M 16	4 A	,,	,,	II	0,8 d	5
M 3	M 16	8 G	,,	,,	II	0,8 d	5
M 4	$^5/_8{}''$	6 S	,,	,,	II	0,8 d	5
M 5	M 16 $\times$ 1,5	6 S	,,	,,	II	0,8 d	5
M 6	M 16	6 S	Einstahl	,,	II	0,8 d	5
M 7	M 16	—	Gewindebohrer	,,	I	0,8 d	5
M 8	M 16	—	,,	,,	III	0,8 d	5
M 9	M 16	—	,,	,,	II	0,6 d	5
M 10	M 16	—	,,	,,	II	1 d	5

Messungen. *An den Bolzen der Gruppe A wurden folgende Größen gemessen:*

Vickershärte der Bolzen mit einer Last von 30 kg,

Flankenwinkel,

halber Flankenwinkel,

Steigung,

Außen- und Kerndurchmesser, auf dem Werkstattmikroskop ermittelt,

Flankendurchmesser nach der Dreidrahtmethode gemessen und mit dem Werkstattmikroskop kontrolliert.

Die Oberflächenrauhigkeit der Gewindeflanken wurde mit dem Lichtspaltmikroskop nach SCHMALTZ bestimmt.

Die Muttergewinde wurden nach den Versuchen durchgeschnitten und im Werkstattmikroskop ausgemessen.

Von den Muttern der Gruppe B wurden bestimmt:

Die Brinellhärte der Muttern mit einer Kugel von 2,5 mm und 187,5 kg Last,

Aufschraubbarkeit auf dem gemeinsamen Bolzen,

Flankenwinkel,

halber Flankenwinkel,

Steigung an Hand eines besonderen Abgusses der Mutter auf dem Werkstattmikroskop.

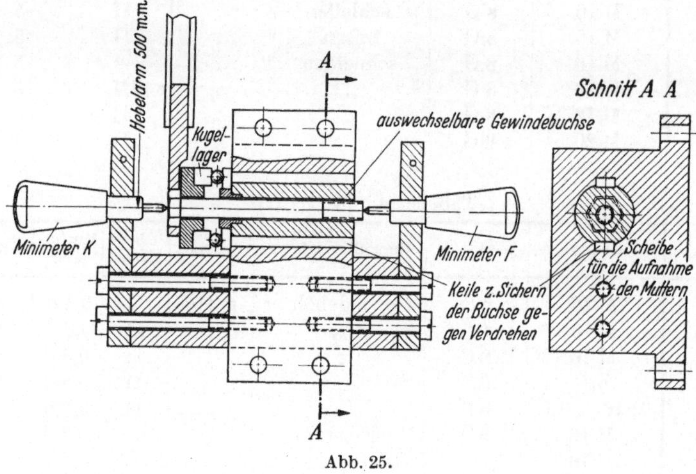

Abb. 25.

Der Flankendurchmesser der Muttern wurde nicht gemessen, weil

1. eine genaue Messung auf erhebliche Schwierigkeiten stößt,

2. die Flankendurchmessertoleranz, wie aus früheren Versuchen (D 5) hervorgeht, keinen Einfluß auf den Reibungswert hat.

Versuchsvorrichtung. In Abb. 25 ist eine Skizze der Versuchsvorrichtung dargestellt. Die Schraube wurde als Kopfschraube in eine auswechselbare Gewindebüchse eingedreht, die an der Schraubenendseite mit dem entsprechenden Gewinde versehen war; zwei Keile sichern die Buchse gegen Verdrehen.

Um den Einfluß der erwähnten Faktoren klarer hervorzuheben, wurde das Auflagerreibmoment sehr klein gehalten und zur Feststellung der Reibung die Untersuchungen auf das Gewinde beschränkt. Um dieses zu erreichen, wurde zwischen Kopf und Gewindebuchse ein Kugellager eingeschaltet. Das Drehmoment wurde mit einem Schlüssel mit Hilfe eines Kranes aufgebracht und mit einem dazwischengeschalteten geeichten Federkraftmesser ermittelt. Für die Mutterversuche wurde eine ähnliche kürzere Buchse und eine Scheibe mit gehobeltem Innensechskant für die Aufnahme der Muttern benutzt. Buchse und Scheibe wurden ebenfalls durch zwei Keile gegen Verdrehen gesichert.

Bolzen und Muttern wurden vor dem Versuch mit Maschinenöl eingeölt. Die Dehnung der Schraube wurde durch Minimeter K und F gemessen. Minimeter K stellte fest, wie weit sich der Kopf bei steigendem Drehmoment in die Unterlage hineinpreßt, während Minimeter F den Weg des Schraubenendes anzeigte. Aus dem Unterschied dieser beiden Anzeigen läßt sich die Dehnung ermitteln.

Versuchsergebnisse. Für jede Schraube und Mutter wurden wie in Abb. 26 die Ablesungen der Minimeter K und F und des Federkraftmessers (für das Drehmoment) eingezeichnet. In demselben sind die Dehnungen des Kopfes (K) und Schraubenendes (F) dünn, die der Schraube ($\varDelta l$) stark gezeichnet. Die Dehnung der Schraube verläuft teils geradlinig, teils parabelförmig. Die Abweichungen von der Geraden kann man auf

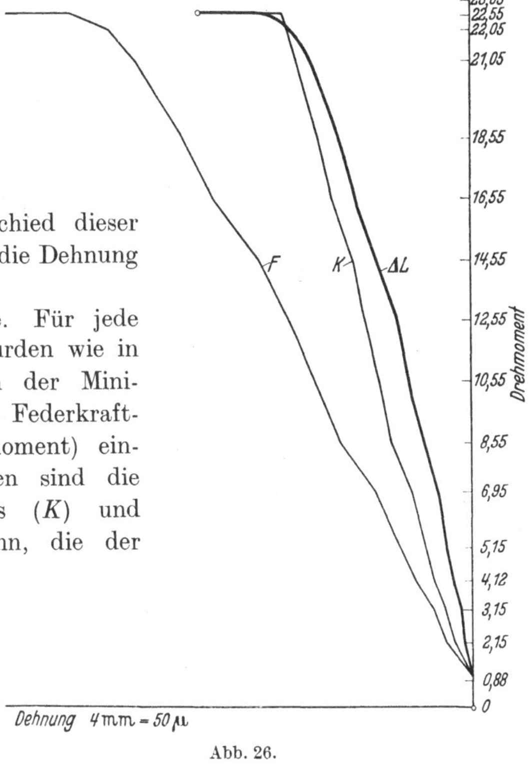

Abb. 26.

die Verformungen im Gewinde und der dadurch entstehenden Veränderung der Dehnlänge zurückführen. Die erste deutliche Abweichung von der Geraden zeigt das Erreichen der ersten plastischen Verformung. Die Versuche wurden beim Erreichen der 0,2-Grenze beendet, die mittels einer Schraublehre bestimmt wurde. Bei den Mutternversuchen wurden die Bolzen nur bis zu 70% ihrer Streckgrenze angezogen.

Um die Frage der wiederholten Beanspruchungen zu klären, wurde das Anfangsdrehmoment bei einigen Schrauben in verschiedener Weise ermittelt:

1. Beim ersten Anzug.
2. Nach 5maligem Anziehen und Lösen bis zum Handmoment.

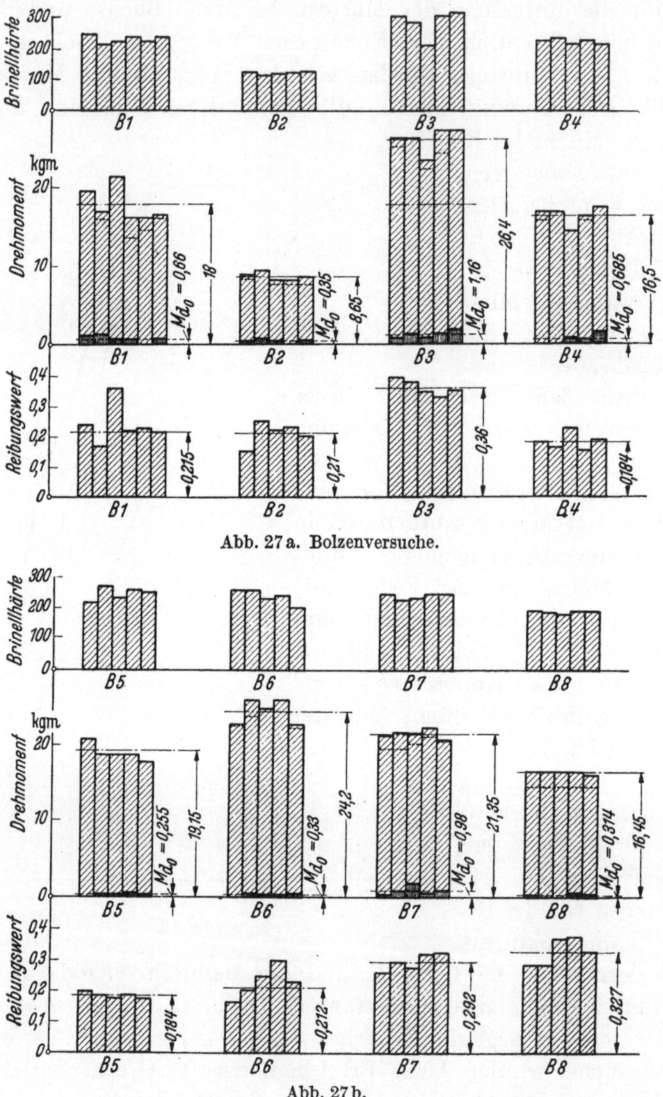

Abb. 27a. Bolzenversuche.

Abb. 27b.

3. Nach 20- bzw. 40maligem Anziehen und Lösen bis zum Handmoment.

Zur Ermittlung des Reibungswertes wurde aus der spezifischen Dehnung und der Dehnlänge die Axialspannung im Kernquerschnitt berechnet; hierbei wurde für die Dehnlänge $^2/_3$ der Kopfhöhe und $^1/_2$ der Mutterhöhe hinzugerechnet (D 4). Aus dem Drehmoment und der

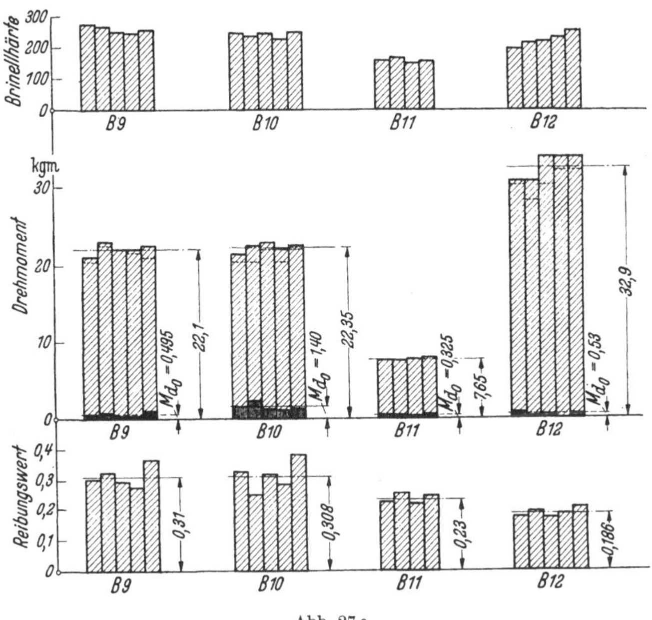

Abb. 27 c.

Axialspannung kann man nun mittels Nom. Abb. 17 den Reibungswert errechnen. Als Reibungswert der Schraube wurde der Mittelwert aus den für 2 bis 3 Drehmomente errechneten Werten genommen.

In den Abb. 27 und 28 sind die ermittelten Werte für die 0,2-Drehgrenze, Anfangsdrehmoment, Reibungswert, Brinellhärte für jede Schraube eingetragen. Ferner wurden für jede Schraubengruppe die Mittelwerte errechnet. In Abb. 29 sind die Häufigkeitskurven der Reibungswerte der Bolzen und Muttern eingezeichnet. In der Kurvenfläche ist angegeben, welcher Gruppe des Versuchsplanes die verschiedenen Bolzen und Muttern angehören, um feststellen zu können, um wieviel die Reibungswerte der einzelnen Gruppen vom häufigsten Wert abweichen. Da die Häufigkeitskurve der Bolzenversuche zwei häufigste Werte vermuten ließ, wurden zwei Kurven gezeichnet. Der zweiten Kurve gehören die Versuchsgruppen B 3, B 7 ... B 10 an. Bei einem Versuch der Versuchsgruppe B 3 war das Gewinde nicht eingeölt und der Reibungswert fiel beträchtlich höher aus. Dieser Wert wurde in der Häufigkeitskurve nicht mitgerechnet. Die Abmessungen der rechteckigen Flächen für jede Schraube und Mutter in den drei Häufigkeitskurven sind verschieden. Dies rührt daher, daß die Zahl der gemessenen Reibungswerte für die Aufstellung der drei Kurven verschieden war, und die Kurven wurden alle auf dieselbe Fläche 100 umgerechnet:

Aus den Häufigkeitskurven lassen sich die häufigsten Werte und die Streuungen ersehen. Die Streuung des Reibungswertes ist bei den Mutternversuchen kleiner; der häufigste Wert liegt zwischen 0,16 und

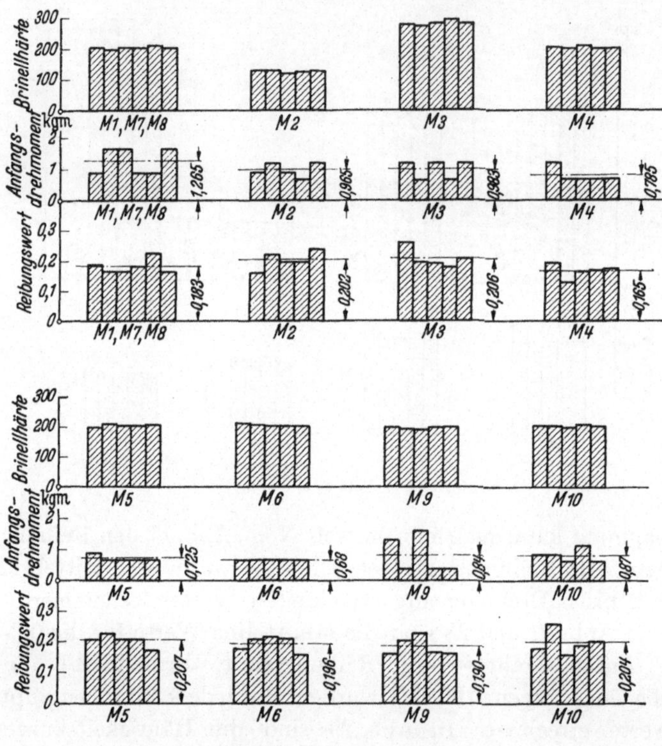

Abb. 28. Mutternversuche.

0,19. Bei den Bolzenversuchen ist die Streuung des Reibungswertes größer, der häufigste Wert für die Häufigkeitskurve α liegt bei 0,21. Für die Häufigkeitskurve b liegt er zwischen 0,31 bis 0,34. Für die gesamten Werte außer denen der Häufigkeitskurve b kann man mit einem mittleren Reibungswert 0,2 rechnen.

Die Untersuchung der einzelnen Gruppen und Schrauben ergibt folgende Zusammenhänge:

1. Die Werte für die 0,2-Drehgrenze sind proportional den Reibungswerten und den Brinellhärten (s. Abb. 27).

2. Das Anfangsdrehmoment Md_0 ist unabhängig vom Reibungswert. Oftmals entspricht einem kleineren Reibungswert sogar ein größeres Anfangsdrehmoment (s. Abb. 27).

Das Anfangsdrehmoment Md_0 nimmt manchmal mit der Rauhigkeit der Gewindeflanken zu und ist oftmals abhängig von der Aufschraubbarkeit. Bei schwerer Aufschraubbarkeit wird meist das Anfangsdrehmoment kleiner. Als Grund hierfür ist anzusehen, daß nach der Durchreibung des Bolzens in die Muttergänge das Anpassen schneller erfolgt.

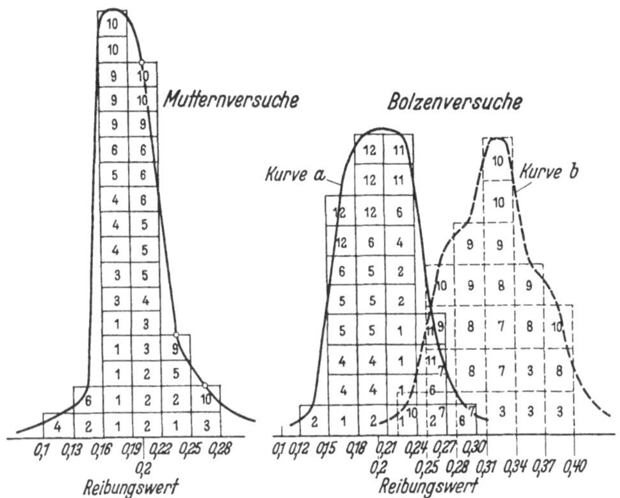

Abb. 29. a = Häufigkeitskurve der Versuchsgruppen B 1, B 2 ... B 6, B 11, B 12. b = Häufigkeitskurve der Versuchsgruppen B 3, B 7 ... B 10.

Für gerollte Schrauben wurde es kleiner gefunden, was vermutlich auf ein schnelleres Anpassen der Gewindegänge zurückzuführen ist.

Nach mehrmaligem Anziehen und Lösen nehmen das Anfangsdrehmoment und Reibungswert ziemlich rauher Schrauben ab, bei glatten Schrauben dagegen zu. Für den Reibungswert ergeben sich folgende Zusammenhänge:

1. Der Reibungswert nimmt zu, und zwar bei schief geschnittenem Gewinde und bei großem Winkelfehler. Die großen Reibungswerte der Gruppen B 3, B 7, B 8, B 9, B 10 kann man ausschließlich auf das schiefe Gewinde der Gewindebuchse zurückführen (wegen Überbeanspruchung).

2. Einen Einfluß des Bolzen- bzw. Mutterwerkstoffes konnte man nicht feststellen. Die Unterschiede waren ganz unbedeutend.

3. Ein Einfluß der Oberflächengüte und der Aufschraubbarkeit wurde ebenfalls nicht eindeutig festgestellt. Bei den Bolzenversuchen ergab

sich für die Gruppen B 9, B 10, B 7, B 8, die eine ziemlich hohe Oberflächengüte besaßen, ein größerer Reibungswert.

4. Verschiedene Gewindearten ergaben keinen wesentlichen Unterschied im Reibungswert, bei den Versuchen der Gruppe B (Muttern) mit Feingewinde wurde ein größerer Reibungswert ermittelt.

5. Bei gerollten Schrauben ist im allgemeinen der Reibungswert kleiner; zwischen geschnittenen, geschliffenen und gefrästen wurde kein deutlicher Unterschied gefunden. Das gleiche gilt für Muttern, die mit einem Einstahl hergestellt sind und für Muttern, die mit Gewindebohrer geschnitten sind.

6. Der Reibungswert nimmt mit der Gewindegröße ab, z. B. die ermittelten Werte sind für

M 12 0,23,

M 16 0,215,

M 20 0,183.

7. Bei den Mutterhöhen 0,6 d und 0,8 d ergibt sich kein großer Unterschied für den Reibungswert, bei 1 d wurden aber größere Werte beobachtet.

IIa. Anziehen der Schrauben mit der Hand.

Die Schrauben werden meist mit Schlüsseln von Hand angezogen. Das Drehmoment, welches auf die Mutter bzw. den Kopf ausgeübt wird, ist damit durch die Länge des Schlüssels und die vom Arbeiter aufgewendete Handkraft bestimmt. Die Handkraft, die schon an anderen Stellen untersucht worden ist ($D_1\,D_4\,D_7$), schwankt sehr. Der Augenblick des Festsitzens der Schraube ist infolgedessen außerordentlich ungewiß und wird selbst vom Arbeiter nur gefühlsmäßig eingeschätzt. Aus früheren Versuchen ergibt sich, daß der Arbeiter bei kleineren Schrauben rein gefühlsmäßig kleinere Kräfte aufwendet, d. h. die Handkraft hängt auch von der Größe der Schraube ab.

Beim Anziehen von kleineren Schrauben überschreitet man bekanntlich leicht ihre Streckgrenze, während größere Schrauben nur ungenügend vorgespannt werden. Die Schlüssellänge müßte dem Anzugsmoment und der Handkraft entsprechen.

Wie oben gezeigt, schwankt das notwendige Anzugsmoment bei gleicher Schraubenart erheblich. Diese Veränderlichkeit des Anzugsmomentes wird wesentlich vergrößert, wenn man noch Schrauben aus anderem Werkstoff bei der Festlegung der Schlüssel einbezieht. Auf der anderen Seite streut auch die Handkraft der verschiedenen Arbeiter erheblich. Derselbe Arbeiter kann wieder recht verschiedene Anzugsmomente ausüben je nach seiner Arbeitsstellung oder nach seinem Zustand.

Um einige zahlenmäßige Angaben über die Größe und Streuung der Handkraft für verschiedene Schraubengrößen zu bekommen, wurden einige Versuche durchgeführt.

Versuche. Sechskantschrauben M 10, M 16 und 1″ wurden mit ihren normalen Schlüsseln nach DIN 129 in einer Drehmoment-Meßvorrichtung angezogen. Die Versuchspersonen A, B, C, D, E, F benutzten dieselben Schlüssel und zogen je nach ihrem Gefühl die Schrauben fest. Die Schrauben wurden bis zu einer beliebigen Zahl von Anzügen an-

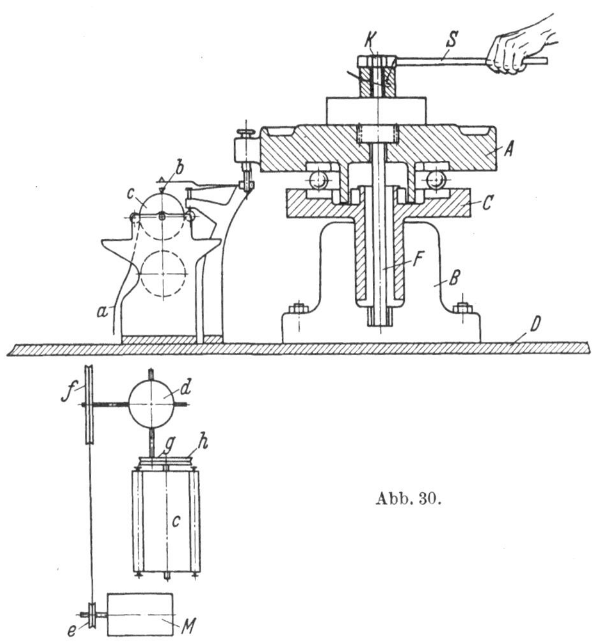

Abb. 30.

gezogen und gelöst. Bei den 1″-Schrauben wurde einmal mit einer Hand und ein zweites Mal mit zwei Händen angezogen.

Versuchsvorrichtung. Die Versuchsvorrichtung zur Messung des Handmomentes zeigt die Skizze Abb. 30. Der Federstab F wird an den Tischen A und B festgespannt. Der untere Tisch B ist fest auf der Platte D angeschraubt und die letztere auf dem Tisch einer Bohrmaschine befestigt. Der obere Tisch A ist um die Achse des Federstabes drehbar. Zwei Kugellager zwischen dem Tisch A und der Scheibe C schalten während der Drehbewegung von A die unsichere Reibung aus. Wirkt nun ein Drehmoment auf dem Tisch A, dann verdrehen sich der Federstab und der Tisch A um einen bestimmten Winkel. Mit der Verdrehung bewegt sich der Zeiger b und schreibt auf dem Papier a

der Papierrolle *c* einen bestimmten Ausschlag. Das vom Schlüssel *S* auf die Schraube *K* ausgeübte Anzugsmoment wird auf den Tisch *A* übertragen. Die Papierrolle *c* wird mittels eines Übersetzungsgetriebes vom Motor *M* langsam gedreht. Der Zeiger *b* zeichnet bei ununterbrochenem Anziehen und Lösen Diagramme auf (siehe Abb. 31).

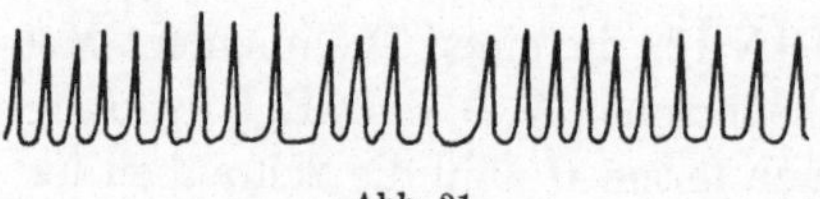

Abb. 31.

Diese Vorrichtung wurde durch Aufhängung von Gewichten für die Federstäbe mit quadratischem Querschnitt von 8, 15, 20 mm Breite geeicht und ihre Eichkurven aufgestellt. Für einwandfreie Ausschläge empfiehlt sich das Anbringen einer bestimmten Vorspannung. Die Köpfe der Schrauben lagen während der Versuche etwa 1,20 m über dem Boden.

Versuchsergebnisse. Aus den ermittelten Handmomenten wurden unter Berücksichtigung der Hebellängen die Handkräfte berechnet und für jede Versuchsperson Häufigkeitskurven aufgestellt. Die Hebellänge wurde bestimmt aus der Schraubenlänge 1 bis 50 mm für die halbe Handbreite. In den Abb. 32 bis 35 sind durch dünne Linien die Häufigkeitskurven jeder Versuchsperson durchgezogen, durch

Tabelle 15.

Versuche	Abbildung	Versuchspersonen	Häufigster Wert der Handkraft	Streubereich
Schraube M 10	32	A B C D E	37—41 kg	19—69 kg
Schraube M 16	33	A B C D	41—45 kg	21—53 kg
Schraube 1″	34	A B C D E	53—57 kg	30—63 kg
Schraube 1″. . . . . . Anziehen mit 2 Händen	35	A B C D F	79—83 kg	53—101 kg

starke Linien die gesamte Häufigkeitskurve für jede Schraube. In Abb. 36 sind die vier Hauptkurven zusammengestellt.

Zahlenwerte für den häufigsten Wert und den Streubereich sind in der Tabelle 15 eingetragen.

Aus diesen Werten geht folgendes hervor:

1. Der häufigste Wert der Handkraft nimmt mit der Schraubengröße zu.

2. Die Streuung nimmt mit der Schraubengröße ab.

3. Bei den Schrauben M 10 und beim Anziehen der 1''-Schrauben mit zwei Händen ist die Streuung der Handkraft größer.

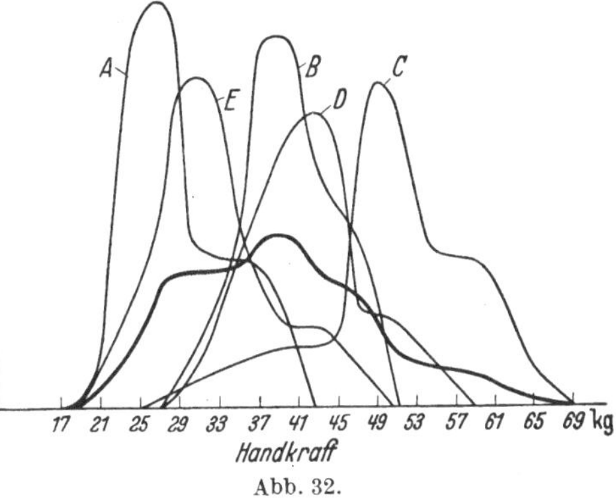

Abb. 32.

Diese Zunahme kann in beiden Fällen auf den schlechten Angriff der Handkraft zurückgeführt werden. So war bei den Schrauben M 10 der Schlüssel zu kurz und die Hand faßte nicht immer gleich-

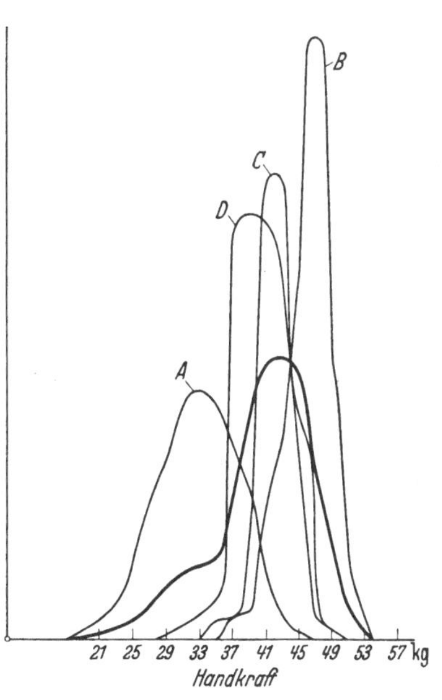

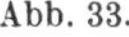

Abb. 33.

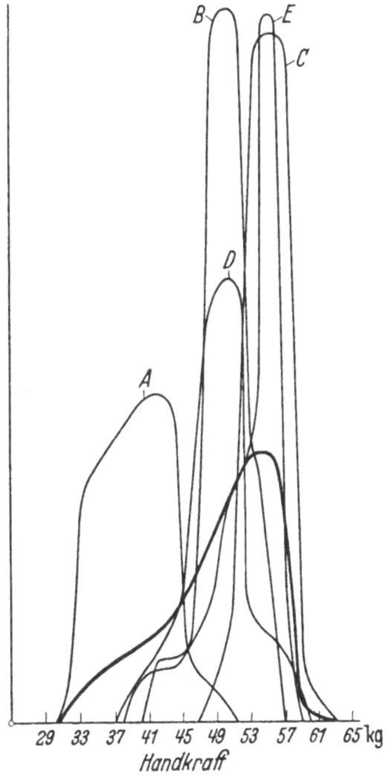

Abb. 34.

5*

Tabelle 16.

Schrauben-durchmesser	Verdrehstreckgrenze für $\sigma_s = 100$ kg/mm² bei $M_d = \ldots$ kgm	Erforderliche Anzugsmomente (Soll-M_d)			Nutzbare Schlüssellänge DIN 838 ($L - 50$ mm)
		Ausnutzg. in Proz.	$\sigma_s = 80$ kg/mm² in kgm	$\sigma_s = 40$ kg/mm² in kgm	
M 6	1,70	80	1,09	0,54	130
		40	0,54	0,27	
M 8	4,20	80	2,69	1,35	150
		40	1,35	0,67	
M 10	8,4	80	5,36	2,68	170
		40	2,68	1,34	
M 12	14,57	80	9,35	4,67	195
		40	4,67	2,33	
M 16	35,95	80	23	11,5	245
		40	11,5	5,75	
M 20	65,7	80	42	21	270
		40	21	10,5	
M 24	108	80	69	34,5	300
		40	34,5	17,25	
M 30	218	80	140	70	370
		40	70	35	
M 42	625	80	400	200	530
		40	200	100	
M 52	1255	80	802	401	620
		40	401	200,5	

mäßig. Für das Anziehen mit zwei Händen war ungenügend Platz und daher die Handkraft ungleichmäßiger.

Bei wiederholtem Anziehen und Lösen von Schrauben von ein und demselben Arbeiter ermüdet die Hand allmählich. Um den Verlauf der Ermüdung der Handkraft zu bekommen, wurde in Abb. 37 die Ermüdungskurve der Versuchsperson A eingezeichnet; hierbei wurde

Handkraft		Handmoment am Schlüssel DIN 838	$\dfrac{\text{kl. Hand-}M_d}{\text{gr. Soll-}M_d}$	$\dfrac{\text{gr. Hand-}M_d}{\text{kl. Soll-}M_d}$	$\dfrac{\text{2. häufig. Hand-}M_d}{\text{(gr. + kl.) Soll-}M_d}$
	in kg	in kgm	in Proz.	in Proz.	in Proz.
kleinst	20	2,60	240		
häufigst	38	4,95			730
größt	55	7,15		2640	
kleinst	20,5	3,08	114		
häufigst	38	5,7			340
größt	55,5	8,35		1245	
kleinst	21	3,57	66,5		
häufigst	39	6,65			198,5
größt	57	9,7		724	
kleinst	22	4,3	46		
häufigst	40	7,8			134
größt	52	10,15		435	
kleinst	25	6,13	26,4		
häufigst	42	10,25			71,5
größt	51	12,5		218	
kleinst	28,5	7,7	18,35		
häufigst	48	13			49,6
größt	58,3	15,75		150	
kleinst	33	9,9	14,35		
häufigst	55	16,5			38,4
größt	66	19,8		115	
kleinst	35	12,8	9,15		
häufigst	58	21,4			24,4
größt	69,5	25,7		73,5	
kleinst	39	20,6	5,15		
häufigst	65	34,3			13,75
größt	78	41,3		41,3	
kleinst	40	24,8	3,1		
häufigst	67	41,5			8,3
größt	80,5	50		25	

eine 1″-Schraube mit normalem Schlüssel ununterbrochen 135 mal angezogen und gelöst.

Aus den so ermittelten Werten für die Handkraft kann man annähernd bei anderen Schraubengrößen bis M 52 auf Größe und Streuung schließen. Bei allen Schraubengrößen ist vorausgesetzt, daß die Handkraft mit einer Hand ausgeübt wird. Im Fall von zwei Händen müssen

die Werte der Handkräfte um 45% erhöht werden. Durch Zugrundelegung einer Schlüssellänge L kann man die Handmomente aus
der Gleichung $M_H = H\,(L - 50)$ berechnen (50 mm = Zuschlag für

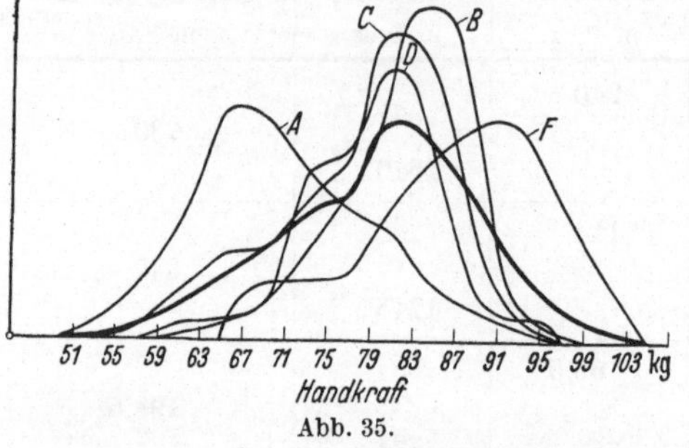

Abb. 35.

halbe Handbreite). In Ta-
belle 16 sind die Werte der
Handkraft und des Hand-
momentes für Schrauben-
größen von M 6 bis M 52 über-
sichtlich eingetragen; als
Schlüssellängen wurden die
Längen der Ringschlüssel
nach DIN 838 gewählt.

Für den Zusammenbau
ergibt sich nun die wichtige Frage: Wie weit kann man Schrauben
verschiedener Größe und Werkstoffe mit dem Handmoment aus-

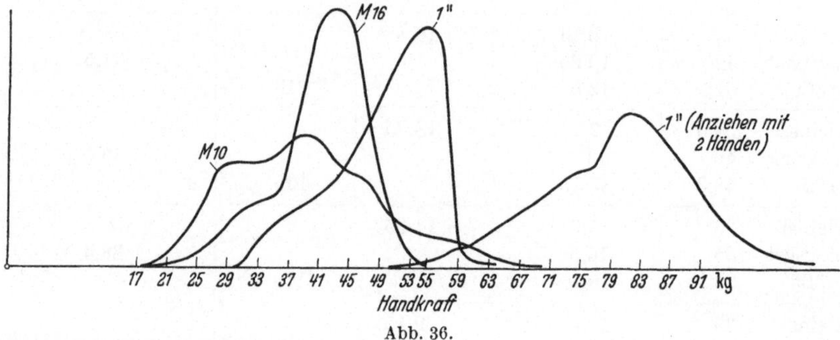

Abb. 36.

nutzen? Hierzu ist die Kenntnis der Anzugsmomente bei Schrauben
verschiedener Größe und Werkstoffe erforderlich.

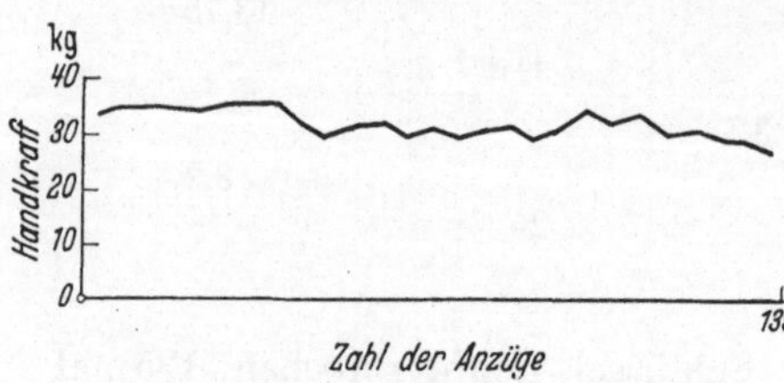

Abb. 37. Versuchsperson A: Schraube 1″.

Für den gewöhnlichen Fall
der zügigen Belastung liegen
die Grenzwerte der Vorspannung, wie aus Teil B hervor-
geht, bei 0,32 bis 0,65 σ_S. Das
erforderliche Anzugsmoment
dazu darf also zwischen
$0,32 \cdot 1,25 = 0,40$ und $0,65 \cdot 1,25$
$= 0,80$ der Verdrehstreck-
grenze liegen. In Tabelle 16, Spalte 1, sind die Verdrehstreckgrenzen
von Schrauben M 6 bis M 52 für einen Schraubenwerkstoff mit
$\sigma_S = 100$ kg/mm² eingetragen.

Die Werte bis 1″ sind durch Versuche ermittelt; die übrigen Werte sind errechnet, wobei die mittlere Reibungsziffer (s. Teil D I) mit 0,2 berücksichtigt wurde. Aus diesen Werten sind die erforderlichen Anzugsmomente für Schraubenwerkstoffe von $\sigma_S = 80$ bzw. $\sigma_S = 40\ \mathrm{kg/mm^2}$ errechnet worden, und zwar für eine Vorspannung der Schraube mit 80 bzw. 40% der zulässigen Verdrehstreckgrenzen. In den drei letzten Spalten der Tabelle sind die Verhältnisse: kleinstes Handmoment zum größten Sollmoment, größtes Handmoment zum kleinsten Sollmoment und häufigstes Handmoment zum Mittelwert der Grenzsollmomente angeführt.

Aus dieser Aufstellung ergibt sich, daß Qualitätsschrauben schon von etwa M 10 an mit dem kleinsten Handmoment nur auf rd. 67% ausgenutzt werden, wenn das größte Sollmoment gefordert wird. Bei einer Schraube M 52, die ohne Verlängerung angezogen wird, sinkt dieses Verhältnis sogar auf 3% (!) herab. Besser werden starke Schrauben ausgenutzt, wenn bei kleinstem Sollmoment mit dem größten Handmoment angezogen werden soll. Hier wird die Schraube M 52 immerhin noch mit 25% ausgenutzt. Bei einer Schraube von etwa M 24 ist die Ausnutzung voll erreicht. Zu beachten ist

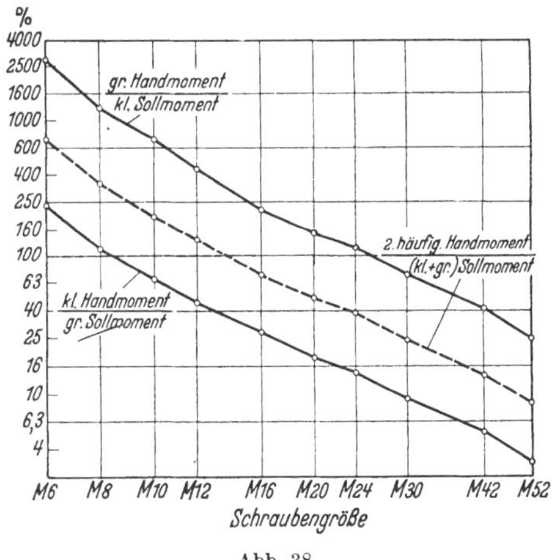

Abb. 38.

dagegen die Überbeanspruchung der schwachen Schrauben; z. B. beträgt diese für M 6 das 26fache der zulässigen Beanspruchung. Bei Verwendung von Schlagschlüsseln (mit Verlängerung) für die größeren Schraubenabmessungen kann man eine bessere Ausnutzung erwarten.

Bei der Festlegung von Schlüssellängen muß ein Kompromiß geschlossen werden, da die Schlüssel einmal zum Anziehen von Schrauben geringer Festigkeit mit geringer Ausnutzung, ein anderes Mal zum Anziehen von hochwertigen Schrauben, die gleichzeitig hoch ausgenutzt werden, dienen sollen. Aus dem Verhältnis des häufigsten Anzugsmomentes zum mittleren Sollmoment ergibt sich, daß die in DIN 837/838 angegebenen Schlüssellängen bis zu etwa M 14 ausreichend sind; darüber empfiehlt es sich, die Schlüssel zu verlängern (s. Abb. 38) oder zwei Schlüssel bei jeder Schraubengröße vorzusehen, nämlich für Edelbau und für gewöhnlichen Maschinenbau.

Für den Betriebsmann ist es wünschenswert, wenn er an Hand einer graphischen Tabelle die zur Erreichung einer bestimmten Ausnutzung der Schraube nötige Schlüssellänge ablesen kann (s. Nom. Abb. 39).

Aus diesem Nomogramm kann man die erforderlichen Anzugsmomente in Abhängigkeit von Axialspannung im Kernquerschnitt und

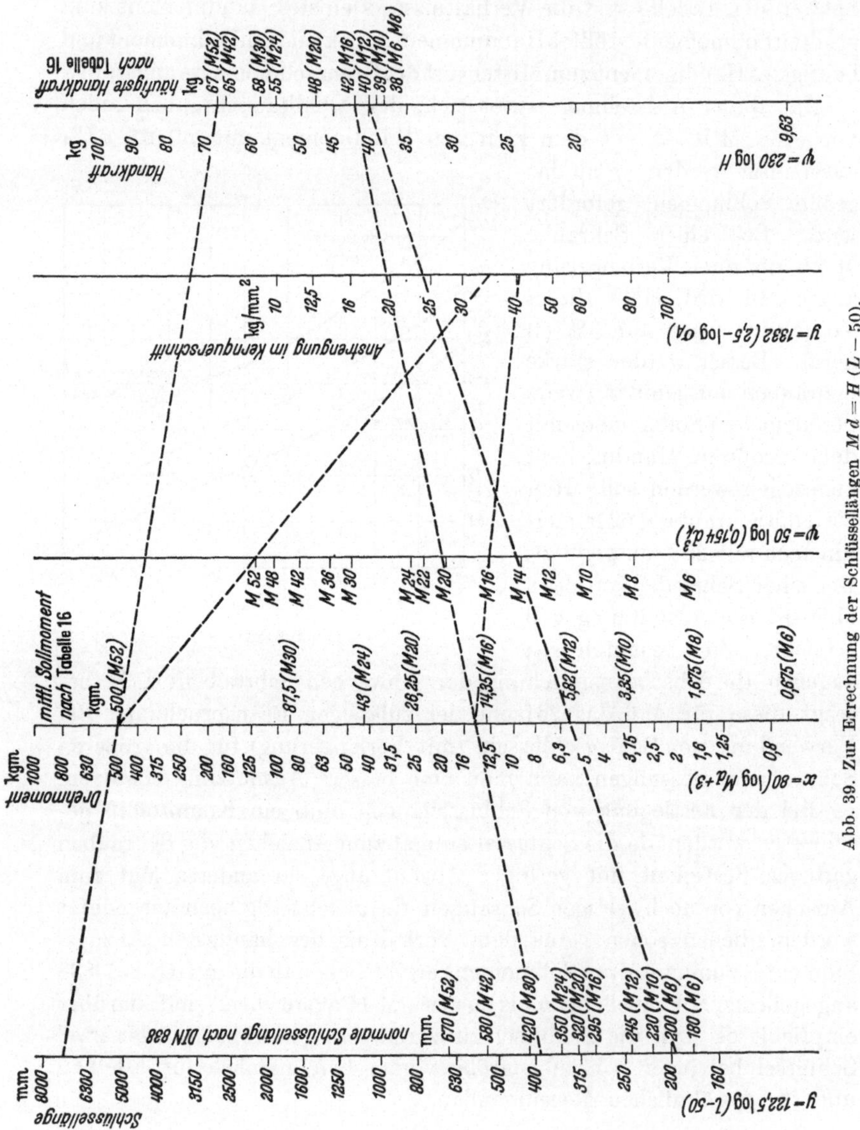

Abb. 39. Zur Errechnung der Schlüssellängen $M\,d = H\,(L - 50)$.

Schraubengröße bestimmen. Aus dem abgelesenen Sollmoment und einer gewählten Handkraft ergibt sich die Sollänge des Schlüssels. Im Nomogramm sind auf der rechten Seite der Leiterskala eingetragen:

die häufigsten Werte der Handkraft kg (aus Tabelle 16),

die mittleren Sollmomente kgm   (aus Tabelle 16),

die Schlüssellängen nach DIN 838.

Zahlenbeispiel. Eine Schraube M 16 soll mit einer Anzugsspannung 40 kg/mm² angezogen werden.

Gesucht: Sollänge des Schlüssels.

Aus dem Nomogramm ergibt sich ein Sollmoment $M_d = 14{,}34$ kgm; für die häufigste Handkraft $H = 42$ kg beträgt dann die Sollschlüssellänge L etwa 400 mm; die genormte nach DIN 838 ist nur $L = 295$ mm.

IIb. Werkzeuge und Vorrichtungen zum Anziehen der Schrauben.

Das zum Anziehen von Schrauben erforderliche Drehmoment wird auf die Mutter bzw. den Kopf durch den Schlüssel ausgeübt. Je nach der Kopf- bzw. Mutterform sind verschiedene Schlüsselformen entwickelt, z. B. Einfach- und Doppelschraubenschlüssel für Außen-, Sechs- bzw. Vierkantschrauben, Steckschlüssel, Sechskantstiftschlüssel für Innensechskantschrauben, Hakenschlüssel, Ringschlüssel usw. Die meisten Schlüsselformen sind genormt (s. DIN 129, DIN 130, DIN 248, DIN 659, DIN 911 usw.). Viele Werke haben daneben noch ihre eigenen Schlüsselformen.

In den Normblättern sind die Abmessungen der Schlüssel in Abhängigkeit von der Maulweite angegeben. Mit der Verringerung der Schlüsselweite wird die Schlüssellänge und das auszuübende Anzugsmoment herabgesetzt. Als Schlüsselwerkstoff wird meistens gewöhnlicher Stahl genommen; bei hochwertigen Schrauben nimmt man jedoch Werkstoffe mit größerer Zugfestigkeit, z. B. DIN 911 (Schlüssel für Innensechskantschrauben) $\sigma_B = 120$ kg/mm² (Cr-V-Stahl). Bei Schrauben mit hoher Streckgrenze steigt das erforderliche Anzugsmoment, wodurch die Haltbarkeit der Schlüssel oft in Frage gestellt ist.

Aus Sicherheitsgründen wäre es angebracht, wenn die Drehstreckgrenze der Schlüssel niedriger als die der Schrauben wäre, und zwar so, daß das auszuübende Anzugsmoment zwischen 40 und 80% der zulässigen Verdrehstreckgrenze begrenzt wird.

Um die Schwankungen der Verdrehstreckgrenze zu berücksichtigen, ist das bei Verformung der Schlüssel auftretende Drehmoment folgendermaßen einzugrenzen:

Die schwächste Schraube darf durch den kräftigsten Schlüssel
nicht überbeansprucht werden, die stärkste Schraube muß durch den
schwächsten Schlüssel noch mit genügender Vorspannung angezogen
werden können. Damit ergibt sich für die obere
Grenze des Anzugsdrehmomentes für den Schlüssel
$M_{d\,\text{schr}} \cdot$ Kleinstwert $\cdot$ 0,80, für die untere Grenze
$M_{d\,\text{schr}} \cdot$ Größtwert $\cdot$ 0,40. Abb. 40 zeigt dies für eine
Sorte von Schrauben M 12, deren Verdrehstreck-
grenze von 17,5 bis 14,5 kgm schwankt.

Mittelwert 16 kgm.

Nach den vorherigen Überlegungen werden die
Solldrehgrenzen des Schlüssels:

oberer Wert 80% · 14,5 = 11,6 kgm,

unterer Wert 40% · 17,5 = 7,0 kgm.

Daraus Mittelwert: 9,3 kgm.

Das Bemerkenswerte an dieser Gegenüber-
stellung ist, daß nicht die Mittelwerte von Schraube
und Schlüssel in einem bestimmten Verhältnis
zueinander stehen, sondern daß die Solldreh-
streckgrenzen des Schlüssels von den zulässigen

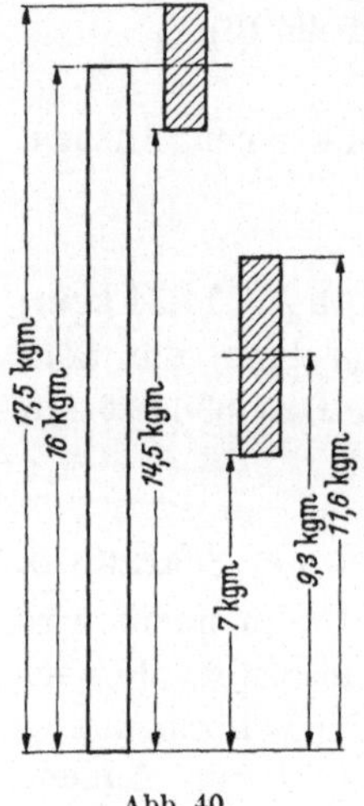

Abb. 40.

Schwankungen der Schraubenvorspannung abhängen; wir kommen
damit ähnlich wie bei den Durchmesser- oder Längenpassungen zu
dem Begriff der Kräfteabstimmung, da hier die
Kräfte der Schlüssel auf die an der Schraube an-
greifende Drehmomente abgestimmt sein müssen.

Ein Schlüssel mit den angegebenen Solldrehgrenzen wirkt als Grenzkraftschlüssel, wenn er das
Drehmoment zwischen $\dfrac{7,0}{9,3} \cdot 100 = 75\%$ und $\dfrac{11,6}{9,3}$
· 100 = 124% um den Mittelwert 9,3 kgm = 100
begrenzt.

Beim Anziehen von Hand mit han-
delsüblichem Schlüssel erhält man eine
Streuung von 58 bis 124% um den
häufigsten Wert 100.

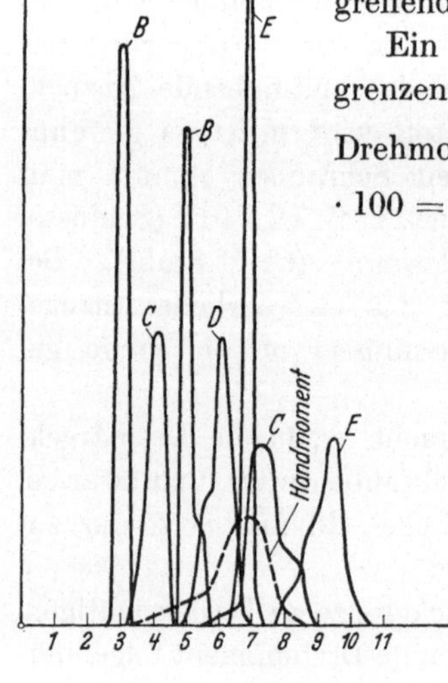
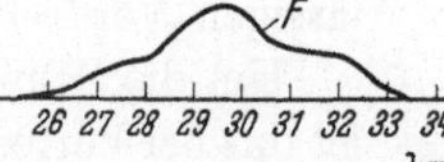

Abb. 41.

Ein Grenzkraftschlüssel guter Bauart ergibt jedoch eine Streuung zwischen 78 und 116% um den Häufigkeitswert 100%. Man sieht daraus, daß der handelsübliche Schlüssel dem Grenzkraftschlüssel schon in bezug auf Streuung nachsteht; er unterscheidet sich aber vor allem dadurch, daß er im Gegensatz zu einem guten Grenzkraftschlüssel nicht auf ein beliebiges Grenzdrehmoment eingestellt werden

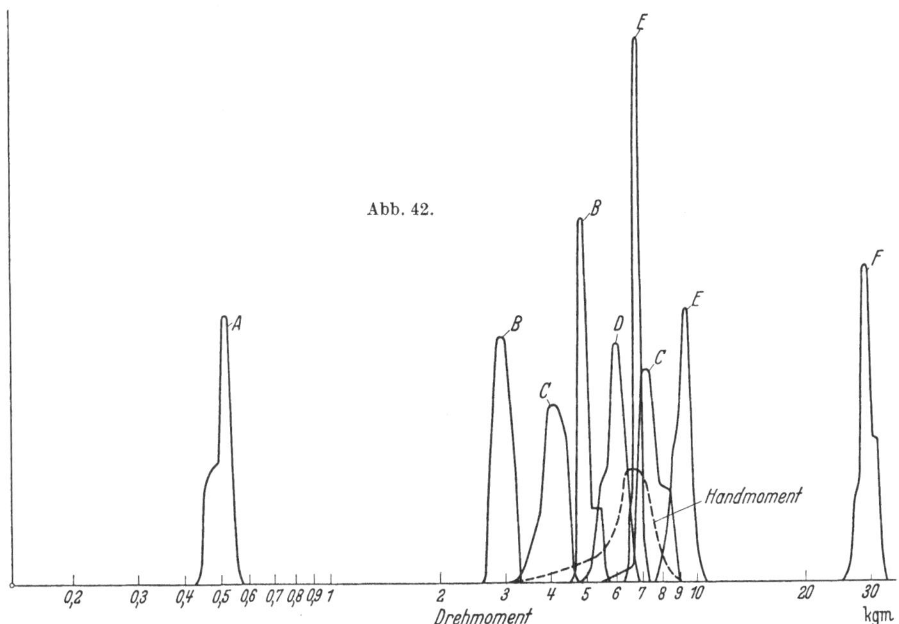

kann. Ein Sechskantstiftschlüssel nach DIN 911 kann z. B. als Grenzkraftschlüssel benutzt werden, wenn er bei beginnender Verformung die notwendige Vorspannung in der Schraube erzeugt; er kann jedoch nur ein einziges Mal verwendet werden. Die geforderte Streuung für das Solldrehmoment dürfte bei der laufenden Herstellung keine großen Schwierigkeiten zeigen, wenn die Wärmebehandlungsvorschriften genau eingehalten und die Werkstoffeigenschaften entsprechend eingegrenzt werden.

Aus den vorigen Ausführungen geht hervor, daß, um die Vorspannkraft annähernd zu erreichen, das Einhalten eines bestimmten Anzugsmomentes erforderlich ist. Zu diesem Zweck wurden in den letzten Jahren besondere Schlüssel entwickelt, die das Anzugsmoment messen bzw. nach oben begrenzen, die sog. Grenzkraftschlüssel. Für die verschiedenen Kopfarten und je nach der Größe des einzustellenden Drehmomentes liegen verschiedene Konstruktionen solcher Schlüssel vor.

Die Wirkungsweise dieser Schlüssel beruht hauptsächlich auf:
1. Verformung einer Feder,
2. Entstehung eines hydraulischen Druckes,
3. Auslösen einer Rutschkupplung,
4. Auslösen einer Reibungskupplung.

In der Tabelle 17 sind einige Beispiele von Grenzkraftschlüsseln angegeben.

Es wurden Versuche über die Meßgenauigkeit folgender Typen von Grenzkraftschlüsseln durchgeführt:

Type	Wirkung	Anzeige der Grenzkraft	Bemerkung
A	Wälzkörperkupplung	Kupplung trennt Kraftfluß	Elektroschrauber
B	Schraubenfeder mit Gesperre . .	Ausklinken d. Gesperres	
C	Schraubenfeder-Rutschkupplung	Auslösen der Kupplung	D größeres Modell als C
D	Schraubenfeder-Rutschkupplung	Auslösen der Kupplung	
E	Verformung einer Blattfeder . .	Geeichtes Meßgerät (Meßuhr)	
F	Verformung einer Schraubenfeder	Anlage des Handgriffs am Ausschnitt des Federgehäuses	

Das eingestellte Drehmoment wurde mit der Vorrichtung von Abb. 30 gemessen. Es wurde mit den Grenzkraftschlüsseln die Meßgenauigkeit verschieden eingestellter Drehmomente festgestellt. Aus diesen Drehmomenten wurden Häufigkeitskurven aufgestellt, die mit der Häufigkeitskurve der Handkraft in den Abb. 41 und 42 (logarithmischen Abszissen) eingetragen wurden.

In Abb. 42 ist die Streuung für das Drehmoment im Verhältnis zum häufigsten Wert besser zu erkennen. So ist z. B. die absolute Streuung des Schlüssels A bei kleinem Drehmoment nach Abb. 41 klein, die relative Streuung dagegen nach Abb. 42 im Verhältnis zum Häufigkeitswert groß. Für den Schlüssel F, dessen häufigstes Drehmoment sehr viel größer als das des Schlüssels A ist, ist dagegen das Umgekehrte der Fall.

Zusammenfassung.

Die vorliegende Arbeit versucht einen umfassenden Überblick über alle Fragen zu geben, die bei Verwendung von Schrauben in Maschinenbauteilen auftauchen. Ein solches Maschinenelement muß nicht nur auf seine konstruktiven Eigenschaften, sondern in bezug auf Kennzeichnung und Einbau zuzüglich Einbauwerkzeuge durchgearbeitet werden:

In der Einführung werden die Grundlagen geschildert, die sich aus dem heutigen Stand der Normung, aus den Anschauungen über die Beanspruchungsarten und die Elastizitätsverhältnisse zwischen der Schraubenverbindung und den verspannten Teilen sowie aus den beteiligten Werkstoffen und der Herstellung der Schrauben und Muttern ergeben.

Die Gestaltung und Berechnung wird an Hand des bekanntgewordenen Schrifttums näher untersucht. Hierbei ist die Haltbarkeit der Schraubenverbindung bei den verschiedenen Beanspruchungsarten zu berücksichtigen. Die Zusammenhänge zwischen der Haltbarkeit und der Formgebung von Bolzen und Mutter, der Gewindeart und -abmessungen, Gewindetoleranzen, Werkstoffe von Bolzen und Mutter, Oberflächengüte, Herstellungsverfahren, sind zusammenfassend dargestellt. Auf Grund dieser Erörterungen konnte eine wirklichkeitsnahe Berechnungsweise aufgestellt werden, die zum handlichen Gebrauch durch Tabellen und Nomogramme ergänzt wurde. In einigen Berechnungsbeispielen wird der Rechnungsgang ausführlich erläutert.

Um die Vorschriften des Konstrukteurs hinsichtlich der Schraubenart durch den Betrieb leicht erfüllen zu können, sind Vorschläge für eine Kennzeichnung der Schrauben und ihre Kurzbezeichnung bei der Bestellung gemacht.

Die richtige Ausnutzung erfordert in dem vom Gestalter gewünschten Sinn auch für den Zusammenbau gewisse Maßnahmen. Hierzu wird der Begriff der „Kräfteabstimmung", hier der besondere Fall der Momentenabstimmung, eingeführt. Notwendig ist die Einhaltung einer Vorspannung innerhalb bestimmter Grenzen, da hiervon die Haltbarkeit der Schraube in besonderem Maße abhängt. Um auch hierüber Angaben machen zu können, wurde der Zusammenhang zwischen Anzugsdrehmoment und Längskraft in der Schraube untersucht. Andererseits wurden durch weitere Versuche diejenigen Drehmomente häufigkeitsmäßig ermittelt, die mit handelsüblichen Schraubenschlüsseln beim Anziehen von Hand und mit Grenzkraftschlüsseln erreicht werden können. Für Grenzkraftschlüssel wurden die Grundzüge der bisher bekanntgewordenen Bauarten festgehalten; für einige Ausführungen sind die erreichten Genauigkeiten angegeben.

Tabelle 17. Grenzkraftschlüssel.

	Grenzkraftschlüssel	Wirkung	Anzeige der Grenzkraft	Richtlinien für Gestaltung und Beurteilung	Ähnliche Patente als Beispiele	Allgemeine Forderungen
Mechanische Verformung	1 (Prüffeder, Handgriff, P)	Verformung einer Blattfeder	Geeichtes Meßgerät: z. B. Meßuhr, elektrisches, optisches, akustisches Signal	Beschädigungsmöglichkeit und Ermüdung der Blattfeder. Kleiner Weg der Kraftanzeige bei hoher Genauigkeit der Endstellung (z. B. unterdrückter Nullpunkt). Möglichst langen Krafthebel für feinfühlige Einstellung vorziehen. Vorteilhaft bei kleinen Drehmomenten	Patent Nr. 453186 680236 675755	Genügend widerstandsfähig gegenüber den auftretenden Kräften. Grenzkraft auch durch ungeübte Arbeiter
	2 (Feder auswechselbar)	Verformung einer Schraubenfeder	Anlage des Handgriffes am Ausschnitt des Federgehäuses	Das Anliegen am Federgehäuse soll ohne Schwung erfolgen (Streuung sonst groß). Möglichst langer Krafthebel. Drehmoment soll ohne Auswechselung von Federn einstellbar sein	Patent Nr. 321850 Engl. Patent Nr. 504084	
	3 (Druckfeder)	Verformung einer Schraubenfeder	Ein Gelenkmechanismus schnappt um	Der Gelenkmechanismus möglichst reibungsfrei. Leichte Rückkehr des Mechanismus nach jedem Schraubenanzug in der Anfangsstellung. Einstellskala am Handgriff muß dem wirklichen Drehmoment entsprechen		

Handlichkeit. Auswechselbarkeit der Schlüsselköpfe. Gute Ausführung. Leichte Erkennbarkeit der vorgeschriebenen

	Nr.				Patent
Ausnützung der Reibung	4	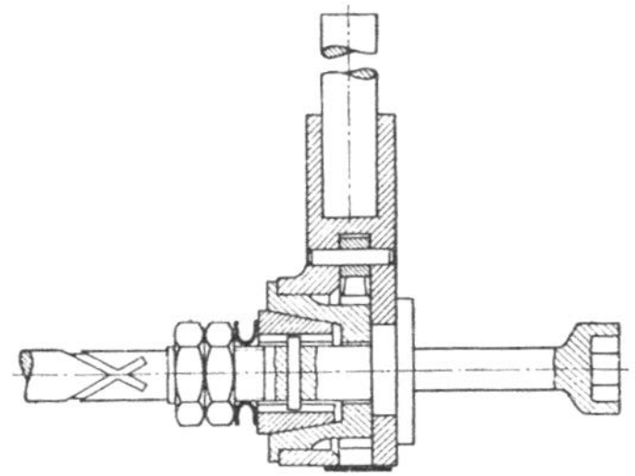 Reibungskupplung. Feder für die Einstellung des Drehmomentes	Kupplung trennt Kraftfluß	Gute Ausführung der Kupplung beachten. Reibungswert muß möglichst konstant bleiben. Kupplungskraft muß gleich groß bleiben; dazu Federvorspannung konstant halten. Einstellmuttern und ihre Sicherung sorgfältig herstellen	Patent Nr. 477 748 645 466
	5	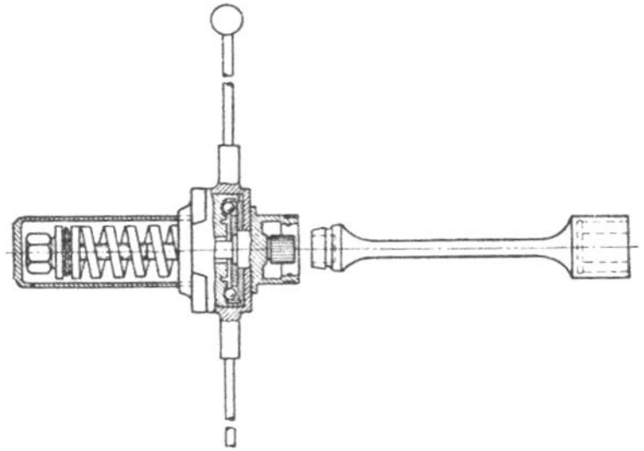 Rutschkupplung. Schraubenfeder für die Einstellung des Drehmomentes	Auslösung der Kupplung	Geeignete Form der kalottenförmigen Vertiefungen der Kugeln vorsehen. Gute Ausführung der Kupplung beachten. Reibungswert muß möglichst konstant bleiben (rollende Reibung bevorzugen). Kupplungskraft muß gleich groß bleiben; dazu Federvorspannung konstant halten. Einstellmutter und ihre Sicherung sorgfältig herstellen	Patent Nr. 109 784 683 190
Hydraulische Messung	6	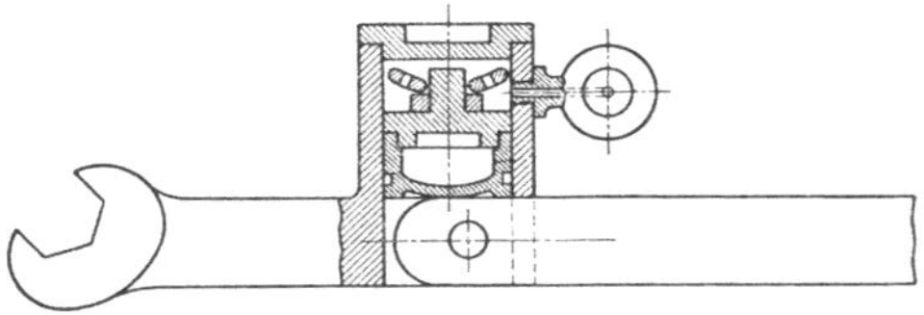 Durch den Öldruck	Ablesung am Manometer	Kolbenfläche möglichst groß für feinfühlige Einstellung. Größere Empfindlichkeit der Anzeige. Abnutzung im Kolben vermeiden (Leckverluste). Manometer muß geschützt sein gegen Stoß und Schlag	Patent Nr. Engl. Patent 480 516
	7	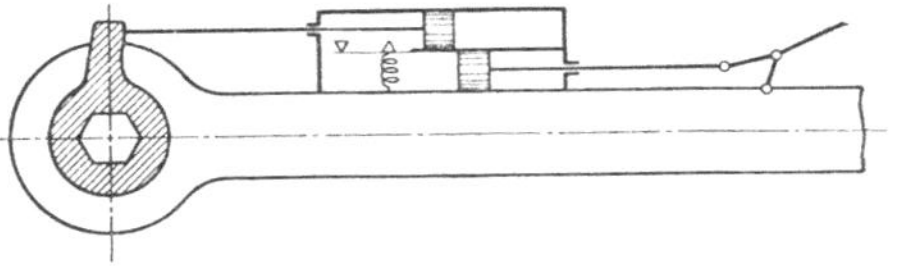 Durch den Öldruck	Auslösung eines Überdruckventils	Überdruckventil muß zuverlässig auslösen. Nachfüllmöglichkeit des abgeströmten Öls aus dem Meßzylinder	Nicht ausgeführtes Beispiel

Schrifttumsverzeichnis.

Kapitel A.

1. BERNDT, G.: Die Gewinde, ihre Entwicklung, ihre Messung und Toleranzen. Berlin: Julius Springer 1925.
2. BERNDT, G.: Die deutschen Gewindetoleranzen. Berlin: Julius Springer 1929.
3. SCHIMZ, K.: Vortrag bei der Sitzung des A. A. „Einführung der Normen in die Praxis". Hannover 1939.
4. SCHIMZ, K.: Markenschrauben. Werkstattstechnik 1933 Heft 23 S. 456.
5. DIN 267 Techn. Lieferbedingungen für Schrauben und Muttern. Beuth-Verlag 1940.
6. MAIER, A. F.: Die Beherrschung von hohen Drucken bei Gefäßen mit Verschlüssen, unter Hervorhebung der Schraube als häufigstem Verschlußteil. Techn. Mitt. Krupp 1937 Heft 7 S. 197.
7. JACQUET, E.: Über eine neuartige Schraubenverbindung. Schweiz. Bauztg. Bd. 98 (1931) S. 207.
8. Werkstoff-Handbuch, Stahl und Eisen. Düsseldorf: Verlag Stahl-Eisen.
9. DIN-Mitteilungen. Beuth-Verlag 1939. Heft 7/8. Entwurf E 441.
10. SCHAURTE, W. T.: Anforderungen an Schrauben- und Muttereisen. Werkstofftagung Berlin 1927.
11. MARGUERRE: Hohe Dampftemperaturen. Erfahrungen und Betrachtungen. Z. VDI 1932 S. 287.
12. KÖRBER u. A. POMP: Warmstreckgrenze und Dauerstandfestigkeit des Stahles. Stahl u. Eisen Bd. 52 (1932) S. 553/59.
13. LEHR, E.: Spannungsverteilung in Konstruktionselementen. Berlin: VDI-Verlag 1934.
14. MATUSCHKA, L.: Beanspruchung von Schraubenverbindungen und zweckmäßige Gestaltung der Gewindeträger. Forsch. Ing.-Wes. 1936 S. 300.
15. BERNDT, G.: Die Aufnahme der Beanspruchung bei der Schraubenverbindung. Feinmech. u. Präz. 1933 S. 85.
16. BERGER, J.: Herstellung roher Schrauben. Werkst.bücher Heft 39. Berlin: Julius Springer 1930.
17. AUMANN: Spanlos geformte Schrauben für die feinmechanische Industrie. Maschinenbau Bd. 9 (1930) S. 368.
18. FÖPPL, G.: Drücken des Gewindes von gerollten, geschnittenen und geschliffenen Schrauben zum Zwecke der Steigerung der Dauerhaltbarkeit. Werkzeugmaschine 1938 Heft 21.
19. REICHEL: Festigkeitseigenschaften kaltgewalzter Schrauben. Z. VDI Bd. 75 (1931).
20. ROTZOLL, E.: Gewindeschleifen. Maschinenbau Bd. 15 (1936) S. 487.
21. SCHIMZ, K.: Kaltverformung und Vergütung von Edelstählen in bezug auf die Herstellung hochwertiger vergüteter Präzisionsschrauben. A.T.Z. 1934 S. 275.
22. MÜTZE, K.: Gewindeherstellung. Masch.-Bau 1936 Nr. 11/12 S. 309/12.

23. MÜTZE, K.: Fortschritte beim Gewinderollen. Werkzeugmaschine 1939 Heft 6.
24. LICH, O.: Ein Streifzug durch die Gewindefertigung. Werkzeugmaschine 1936.
25. ZIEGLER: Gestaltung und Herstellung der Schrauben unter Berücksichtigung der Preisbildung. Werkzeugmaschine 1934 S. 463.
26. SCHIMZ, K.: Schrauben. Z. VDI 1940 Nr. 9 S. 151—154.

Kapitel B.

1. RÖTSCHER, F.: Die Maschinenelemente I. Berlin: Julius Springer 1927.
2. TEN BOSCH: Vorlesungen über Maschinenelemente. Berlin: Julius Springer 1930.
3. BACH, C.: Notiz über Festigkeit von Schrauben. Z. VDI Bd. 24 (1880) S. 285.
4. WIEGAND, H.: Dauerfestigkeit von Schraubenwerkstoffen und Schraubenverbindungen. Diss. T. H. Darmstadt 1933.
5. JEHLE, H.: Polarisationsoptische Spannungsmessungen. Forsch. Ing.-Wes. Bd. 7 (1936) S. 19.
6. STEEDEL, W.: Dauerfestigkeit von Schrauben. Mitt. Mat.-Prüf.-Anst. Darmstadt Heft 4. Berlin: VDI 1933.
7. HAAS, B.: Muttergröße und Festigkeit der Schraubenverbindung. Z. VDI 1938 S. 1269.
8. WYSZ, TH.: Untersuchungen mit $0,8\,\varnothing$-Muttern. Schweiz. techn. Z. 1939 Nr. 23/24.
9. SCHIMZ, K.: Bruchfestigkeit von Schrauben unter reinem Zug. Masch.-Bau 1932 S. 75.
10. KUNTZE, W.: Plastizität und Festigkeit bei Einkerbungen. Z. Phys. Bd. 72 S. 785.
11. HERCYNGOJA: Höhe der Muttern bei Gewinden verschiedener Feinheit. Masch.-Bau 1932 S. 139.
12. PULSIFER: Einfluß des Gewindes auf die Festigkeitseigenschaften von Schraubenbolzen. Steel Bd. 96 (1935).
13. KUNTZE, W.: Gesetzmäßige Abhängigkeit der Biegewechselfähigkeit von Probegröße und Kerbform. Arch. Eisenhüttenw. Bd. 10 (1936/37) S. 307.
14. SCHRAIVOGEL, K., H. STAUDINGER u. B. HAAS: Dauerversuche mit Schraubenbolzen. DVL-Bericht Um 462.
15. DEBUS, E.: Die Vorzüge der Dehnschraube. Z. VDI Bd. 79 (1935) S. 914.
16. SACHSENBERG, E.: Schraubenverbindungen, ihre Zerreißfestigkeit in Leichtmetall. Masch.-Bau 1933 S. 499.
17. PACHTNER: Schrauben und Gewinde aus Leichtmetall. Masch.-Bau 1936 S. 441.
18. KLOTT, W., u. TH. STOPPEL: Die Haltbarkeit der Befestigungsschrauben unter $^5/_8''$. Techn. i. d. Landw. 1931, S. 89.
19. WIEGAND, H.: Mutterwerkstoff und Dauerhaltbarkeit der Schraubenverbindung. Z. VDI 1939 S. 64.
20. POMP, A., u. M. HEMPEL: Dauerfestigkeitsschaubilder von gekerbten und kaltverformten Stählen, sowie von $1''$ u. $^1/_8''$. Mitt. K.-Wilh.-Inst. Eisenforschg. Bd. 18 (1936) Abb. 310.
21. ARMBRUSTER: Der Einfluß der Oberflächenbeschaffenheit auf den Spannungsverlauf und die Schwingungsfestigkeit. Diss. T. H. München 1930.
22. MÜTZE, K.: Die Festigkeit der Schraubenverbindung in Abhängigkeit von der Gewindetoleranz. Diss. T. H. Dresden 1929.
23. GANS, W.: Die Dauerschlagarbeit der vorgespannten Schraubenverbindung in Abhängigkeit von den Gewindetoleranzen. Diss. T. H. Dresden 1934.

24. Lehmann, R.: Die Dauerschlagfestigkeit der Schrauben in Abhängigkeit von den Gewindetoleranzen. Diss. T. H. Dresden 1931.

25. Lippert: Gewinde in Leichtmetall. Kraftfahrtforschg. 1933 Heft 28.

26. Bollenrath, H. Cornelius u. Siedenburg: Festigkeitseigenschaften von Leichtmetallschrauben. Z. VDI Bd. 83 (1939) Nr. 44 S. 1169.

27. Oschatz, H.: Gesetzmäßigkeiten des Dauerbruches und Wege zur Steigerung der Dauerhaltbarkeit gek. Konstruktionen. Diss. T. H. Darmstadt 1932.

28. Isemer, H.: Die Steigerung der Schwingungsfestigkeit durch Oberflächendrücken. Mitt. Wöhler-Inst. Braunschweig, Heft 8.

29. Wedemeyer, E.: Die Steigerung der Dauerhaltbarkeit von Schrauben durch Gewindedrücken. Mitt. Wöhler-Inst. 1938 Heft 33.

30. Thum, A., u. Debus: Vorspannung und Dauerhaltbarkeit der Schraubenverbindung. Mitt. Mat.-Prüf.-Anst. Darmstadt 1936.

31. Würges, M.: Die zweckmäßige Vorspannung von Schraubenverbindungen. Diss. T. H. Darmstadt 1937.

32. Bergmann, G.: Aufrechterhaltung der Vorspannung in Stiftverschraubungen. Z. VDI 1940 S. 52.

33. Matthaes, K.: Die Kerbwirkung bei statischer Beanspruchung. Z. Luftf.-Forsch. 1938 S. 38.

34. Kahler, P.: Die Belastung der Schrauben in verspannten Schraubenverbindungen. Wärme 1940 Heft 1 u. 2.

35. Dauerfestigkeitsschaubilder. Fachausschuß für Elemente beim VDI.

36. Schwenk, G.: Gestaltung und Festigkeitsberechnung der Rohrverbindungen von Hochdruckdampfleitungen unter Berücksichtigung der Wärmespannungen. Wärme Bd. 60 (1937) S. 150.

37. Büchele, R.: Flanschverbindungsschrauben für Hochdruck-Heißdampfleitungen. Wärme Bd. 62 (1939) S. 487.

38. Krüger, G.: Beanspruchung der Schrauben bei hohen Temperaturen. Wärme 1934 S. 81.

39. Thum, A., u. F. Wunderlich: Die Reiboxydation an festen Paarverbindungsstellen und ihre Bedeutung für den Dauerbruch. Z. Metallkde. Bd. 27 (1935) S. 277.

40. Vollbrecht, H.: Über die Erscheinungen beim Festfressen von Schraubenverbindungen, die erhöhter Temperatur ausgesetzt waren. Diss. T. H. Stuttgart 1934.

41. Ruttmann, W.: Verformungslose Brüche an Kesselteilen. Techn. Mitt. Krupp Bd. 4 (1936) S. 23.

42. Ochs, H.: Dauerfestigkeit und Konstruktion. Diss. T. H. Darmstadt.

43. Roll, F.: Zusammenhang zwischen Korrosion und Oberflächenzustand. Bericht über die Korrosionstagung 1938. VDI-Verlag.

44. Mark, H.: Die Korrosion als physikalisch-chemisches Problem. Bericht über die Korrosionstagung 1931. VDI-Verlag.

45. Lehr, E.: Die Auswirkung der neueren Festigkeitslehre in der Praxis. Z. VDI Bd. 78 (1934) S. 395.

46. Thum, A., u. C. Holzhauer: Zur Frage der Korrosionswirkung bei dauerbeanspruchten Kesselstählen. Arch. Wärmew. Bd. 14 (1933) S. 319.

47. Bach, J.: Bericht über die Beanspruchung der Schrauben bei hohen Temperaturen. Wärme 1934 S. 215.

48. Grün, P.: Die Dauerstandfestigkeit von Stählen in Abhängigkeit von Legierung und Wärmebehandlung. Arch. Eisenhüttenw. Bd. 8 (1934/35) S. 205/11.

49. Rohn, W.: Die Kriechfestigkeit metallischer Werkstoffe bei erhöhten Temperaturen und ihre Beeinflussung durch Wärmebehandlung. Z. Metallkde. Bd. 24 (1932) S. 127/131.

50. Krystof, I.: Über die Haltbarkeit von Zinn- und Zinküberzügen bei Korrosionsdauerbeanspruchungen. Metallwirtsch. Bd. 14 (1935) S. 305.

51. Thum, A., u. Oschatz: Steigerung der Dauerfestigkeit bei Rundstäben mit Querbohrungen. Forsch. Ing.-Wes. Bd. 3 (1932) S. 87.

52. Fetz, E.: Einfluß der Vergütung auf den Korrosionswiderstand. Korrosion u. Metallsch. 1935 S. 100.

53. Adloff, K.: Das Kriechen von Flanschverbindungen. Wärme 1935 S. 387.

54. Adloff, K.: Korrosion und Konstruktion. Wärme Bd. 59 (1936) S. 39.

55. Scherer, R., u. H. Kiessler: Versprödung warmfester Stähle bei höheren Temperaturen. Arch. Eisenhüttenw. Bd. 12 (1938/39) S. 381.

56. Hempel, M., u. F. Ardelt: Verhalten des Stahles in der Wärme unter Zugdruck-Wechselbeanspruchung. Mitt. K.-Wilh.-Inst. Eisenforschg. 1939 Liefg. 7.

57. Bauermeister u. R. Kersten: Korrosionsversuche mit Schrauben in Leichtmetall-Bauteilen. Z. VDI Bd. 79 (1935) S. 753.

58. Kuntze, W.: Zur Festigkeit im Schraubengewinde. Z. VDI 1929 S. 469.

59. Wiegand, H.: Schraubenverbindungen. Berlin: Julius Springer 1940.

Kapitel C.

1. Alford, L. P.: Handbuch für industrielle Werkleitung. Berlin: VDI-Verlag 1929.

2. Reuter, F.: RKW, Handbuch der Rationalisierung. Berlin: Verlag Spaeth & Linde 1932.

3. Lehmann, B.: Ordnung im Werkzeuglager. Masch.-Bau 1939 Heft 7/8.

4. Ziegler, H.: Das Lager im Fabrikbetrieb. Leipzig: L. Weiss 1935.

Kapitel D.

1. Bock, E.: Das Verhalten der Schraubenverbindung beim Anziehen und Lösen in Abhängigkeit von den Gewindetoleranzen. Diss. Dresden 1933.

2. Berthold: Beiträge zur Frage einer Tolerierung der Einschraubenden zylindrischer Stiftschrauben. Diss. T. H. Dresden 1933.

3. Staudinger, H.: Das Verhalten der Schrauben beim wiederholten Anziehen und Lösen. Z. VDI 1937 S. 607.

4. Deuther, H.: Das Anziehen von Schrauben. Z. Masch.-Bau 1939 S. 185.

5. Dittrich, W.: Statische und dynamische Untersuchung von Schraubensicherungen. Diss. T. H. Dresden 1938.

6. Dorn, A.: Drehmoment-Schraubenschlüssel. Werkstattstechnik 1938 S. 285.

7. Plagens, H.: Passung zwischen Innensechskanten an Schrauben und zugehörigen Schlüsseln. Werkstattstechnik 1937 S. 18.

8. Koch, J.: Statische Versuche mit Schraubensicherungen. Diss. T. H. Dresden 1937.

Verzeichnis der wichtigsten Formelzeichen.

d_s = Schaftdurchmesser s. DIN 13

d_1 = Kerndurchmesser des Gewindes s. DIN 13

d_2 = Flankendurchmesser des Gewindes s. DIN 13

α = Steigungswinkel des Gewindes

s = Schlüsselweite

f_k = Kernquerschnitt des Schraubenbolzens

f_s = Schaftquerschnitt des Schraubenbolzens

I = Trägheitsmoment $\dfrac{\pi d_s^4}{64}$

W = Widerstandsmoment $\dfrac{\pi d_s^3}{32}$

l_f = Länge zwischen Kopf und Mutterauflagefläche

L = Schlüssellänge

$\lambda = \dfrac{l_f}{l_I \dfrac{f_k}{f_s} + l_{II}}$ Beiwert abhängig von d_s/d_1 Tabelle 6 (Berechnung)

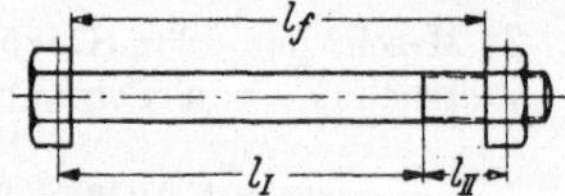

V = Vorspannkraft

P = Äußere Kraft oder Betriebskraft

V' = Restliche Vorspannkraft nach Wirken der Betriebskraft P

P_c = Betriebskraft, die gerade Entspannen der verspannten Teile bewirkt

P_0 = Größte auf die Schraube wirkende Kraft

P_{0w} = Größte auf die Schraube wirkende Kraft bei hohen Temperaturen

P_z = Zusätzlich auf die Schraube ausgeübte Kraft infolge der Betriebskraft P

H = Handkraft

M_d = Anzugsmoment

M_{GA} = Gewindeanzugsmoment

M_{GL} = Gewindelösemoment

M_R = Auflagereibmoment

λ_v = Elastische Längung der Schraube durch Vorspannkraft V

δ_v = Elastische Zusammendrückung durch Vorspannkraft V

$\Delta\lambda$ = Zusätzliche Längung der Schraube infolge Betriebskraft P

$\Delta\lambda_w$ = Wärmeausdehnungsunterschied zwischen Schraube und verspannten Teilen

C_s = Einheitskraft der Schraube

C_p = Einheitskraft der verspannten Teile

k = Verhältnis C_s/C_p

E_s = Elastizitätsmodul des Schraubenwerkstoffes

E_p = Elastizitätsmodul des Werkstoffes der verspannten Teile

E_{s_t} = Elastizitätsmodul des Schraubenwerkstoffes bei Temperatur t

E_{p_t} = Elastizitätsmodul des Werkstoffes der verspannten Teile bei Temperatur t

σ_A = Anzugsspannung

σ_{B_1} = Biegespannung infolge Verformung der verspannten Teile

σ_{B_2} = Biegespannung infolge schiefer Auflage der Kopf- und Mutterauflagefläche

σ_W = Wärmespannung im Gewindekernquerschnitt

σ_Z = Zusätzlich auf die Schraube ausgeübte Spannung infolge Betriebsspannung σ

σ = Betriebsspannung

σ_S = Zugstreckgrenze

σ_D = Dauerstandfestigkeit

σ_D^K = Dauerstandshaltbarkeit des Bolzengewindes

$\sigma_{\mathrm{red}\,g}$ = Reduzierte Spannung = Vergleichsspannung im Gewindekernquerschnitt

$\sigma_{\mathrm{red}\,s}$ = Reduzierte Spannung = Vergleichsspannung im Schaft

σ_W^K = Zugwechselhaltbarkeit des Bolzengewindes

τ_d = Verdrehspannung im Gewindekernquerschnitt

σ_B = Bruchfestigkeit

μ' = tg ϱ' = Reibungswert für Spitzgewinde

ϱ' = Reibungswinkel

α_k = Formziffer im Gewinde

V e r l a g   v o n   J u l i u s   S p r i n g e r   i n   B e r l i n

Die Herstellung roher Schrauben. Erster Teil: **Anstauchen der Köpfe.** Von Ingenieur **Jos. Berger.** (Werkstattbücher, Heft 39.) Mit 64 Abbildungen im Text. 51 Seiten. 1930. RM 1.80

Die deutschen Gewindetoleranzen. Von Professor Dr. **G. Berndt,** Dresden. Mit einem Geleitwort von Dr.-Ing. e. h. W. Hellmich. Mit 61 Abbildungen im Text und 70 Zahlentafeln. VIII, 179 Seiten. 1929. RM 14.85

Die Festigkeit der Schraubenverbindung in Abhängigkeit von der Gewindetoleranz. Im Auftrage von Bauer & Schaurte, Rheinische Schrauben- und Mutternfabrik A.-G., Neuß a. Rh., bearbeitet von Dr.-Ing. **Kurt Mütze.** Mit zahlreichen Abbildungen, Tabellen, Diagrammen und 3 Tafeln. VII, 108 Seiten. 1929. Gebunden RM 5.85

Keil, Schraube, Niet. Einführung in die Maschinenelemente. Von Dipl.-Ing. **W. Leuckert,** Berlin, und Magistrats-Baurat Dipl.-Ing. **H. W. Hiller,** Berlin. Dritte, verbesserte und vermehrte Auflage. Mit 108 Textabbildungen und 29 Tabellen. V, 113 Seiten. 1925. RM 4.05

Vorlesungen über Maschinenelemente. Von Professor Dipl.-Ing. **M. ten Bosch,** Zürich. Zweite, vollständig neubearbeitete Auflage. Mit 860 Textabbildungen. XI, 450 Seiten. 1940. Gebunden RM 39.—

Konstruktionsbücher. Herausgeber Professor Dr.-Ing. **E.-A. Cornelius,** Berlin.

Heft 1: **Stahlleichtbau von Maschinen.** Von Oberingenieur Dipl.-Ing. K. Bobek, Berlin, Oberingenieur W. Metzger, Frankfurt a. M., und Oberingenieur Dr.-Ing. Fr. Schmidt, Augsburg. Mit 159 Abbildungen. VI, 103 Seiten. 1939. RM 4.80

Heft 2: **Kräfte in den Triebwerken schnellaufender Kolbenkraftmaschinen,** ihr Gleichgang und Massenausgleich. Von Dipl.-Ing. G. H. Neugebauer, Berlin. Mit 110 Abbildungen. IV, 120 Seiten. 1939. RM 4.80

Heft 3: **Berechnung und Gestaltung der Federn.** Von Dipl.-Ing. S. Groß, Essen. Mit 79 Abbildungen. III, 87 Seiten. 1939. RM 4.80

Heft 4: **Gestaltung von Wälzlagerungen.** Von W. Jürgensmeyer, Schweinfurt. Mit 134 Abbildungen. IV, 92 Seiten. 1939. RM 4.80

Heft 5: **Berechnung und Gestaltung von Schraubenverbindungen.** Von Oberingenieur Dr.-Ing. habil. H. Wiegand, Berlin, und Ing. B. Haas, Berlin. Mit 71 Abbildungen. IV, 68 Seiten. 1940. RM 4.80

Z u   b e z i e h e n   d u r c h   j e d e   B u c h h a n d l u n g

Verlag von Julius Springer in Berlin

Toleranzen und Lehren. Von Maschinenbaudirektor Dipl.-Ing.
P. Leinweber VDI, Berlin. Dritte Auflage. Mit 143 Abbildungen im Text.
VI, 131 Seiten. 1940. RM 7.50

Maschinenelemente. Leitfaden zur Berechnung und Konstruktion
für Maschinenbauschulen und für die Praxis mittlerer Techniker. Von Professor Dipl.-Ing. **W. Tochtermann**, Eßlingen. Fünfte, völlig neubearbeitete
Auflage der „Maschinenelemente" von Ing. **H. Krause.** Mit 511 Textabbildungen. X, 456 Seiten. 1930. RM 13.50; gebunden RM 14.85

Praktische Getriebelehre. Von Professor Dr.-Ing. habil. **K. Rauh,**
Aachen.
Erster Band. Mit 196 Textabbildungen und 19 mehrfarbigen Abbildungen
auf 8 Tafeln. VII, 139 Seiten. 1931. RM 21.—; gebunden RM 22.75
Zweiter Band. Mit 709 Abbildungen. VIII, 298 Seiten. 1939.
RM 27.60; gebunden RM 29.40

Grundzüge der Schmiertechnik. Berechnung und Gestaltung vollkommen geschmierter gleitender Maschinenteile. Lehr- und Handbuch für Konstrukteure, Betriebsleiter, Fabrikanten
und höhere technische Lehranstalten. Von **Erich Falz**, Beratender Ingenieur
für Schmiertechnik. Zweite, völlig neu bearbeitete Auflage. Mit 121 Abbildungen, 18 Zahlentafeln und 44 Berechnungsbeispielen. IX, 326 Seiten.
1931. Gebunden RM 26.50

**Wegweiser für den Praktikanten im Maschinen- und
Elektromaschinenbau.** Ein Hilfsbuch für die Werkstattausbildung zum Ingenieur. Von Dr.-Ing. **Franz zur Nedden.** Vierte Auflage des
Buches „Das praktische Jahr". Im Einvernehmen mit dem Reichsinstitut für
Berufsausbildung in Handel und Gewerbe neubearbeitet von Dr.-Ing. **Herwarth von Renesse.** VIII, 152 Seiten. 1940. RM 4.50; gebunden RM 5.70

**Die maschinentechnischen Bauformen und das
Skizzieren in Perspektive.** Von Professor Dipl.-Ing. **Carl
Volk** VDI, Berlin. Sechste Auflage. Mit 100 Skizzen des Verfassers. VI,
50 Seiten. 1939. RM 2.60

Das Maschinenzeichnen des Konstrukteurs. Von Professor Dipl.-Ing. **Carl Volk** VDI, Berlin. Sechste, ergänzte Auflage. Mit
249 Abbildungen. IV, 86 Seiten. 1940. RM 3.60

Zu beziehen durch jede Buchhandlung